U0381527

给孩子的厨房实验室

Kitchen Science Lab for Kids

【美】丽兹·李·海拿克 著 张 云等 译

52个在家就能玩的科学实验

把厨房变成实验室

华东师范大学出版社

图书在版编目（CIP）数据

给孩子的厨房实验室/(美)丽兹·李·海拿克著；张云等译.
—上海：华东师范大学出版社，2017
ISBN 978-7-5675-6972-0

Ⅰ.①给… Ⅱ.①丽… ②张… Ⅲ.①厨房-科学实验-
儿童读物 Ⅳ.①TS972.26-33

中国版本图书馆CIP数据核字（2017）第249147号

Kitchen Science Lab for Kids: 52 Family Friendly Experiments from Around the House
By Liz Lee Heinecke

给孩子的实验室系列

给孩子的厨房实验室

著　　者　(美)丽兹·李·海拿克
译　　者　张　云　夏小英　龚春蕾　卜　迅　孙连荣　黄海娟
策划编辑　沈　岚
审读编辑　张红英　徐晓明　陈云杰
责任校对　时东明
封面设计　卢晓红
版式设计　卢晓红　宋学宏

出版发行　华东师范大学出版社
社　　址　上海市中山北路3663号　邮编 200062
网　　址　www.ecnupress.com.cn
总　　机　021-60821666　行政传真　021-62572105
客服电话　021-62865537
门市(邮购)电话　021-62869887
地　　址　上海市中山北路3663号华东师范大学校内先锋路口
网　　店　http://hdsdcbs.tmall.com

印 刷 者　上海中华商务联合印刷有限公司
开　　本　787×1092　12开
印　　张　12
字　　数　187千字
版　　次　2018年6月第1版
印　　次　2018年6月第1次
书　　号　ISBN 978-7-5675-6972-0/G·10647
定　　价　58.00元

出 版 人　王　焰

（如发现本版图书有印订质量问题，请寄回本社客服中心调换或电话021-62865537联系）

谨以此书献给我的孩子们

CHARLIE、MAY和SARAH

52 个在家就能玩的科学实验

把厨房变成实验室

目　录

前　　言

向孩子们介绍科学，没有比家里更好的地方了。

好奇和创意的火花最先在厨房和后院点燃，这也是探索神奇科学世界的理想场所。在熟悉的环境中做实验，没有时间限制，也没有考试压力，孩子们会发现科学一点都不难，也一点都不可怕，科学是无处不在的。最棒的是，用手边已有的材料就可以开展很多实验项目。

在我还年幼时，像20问游戏（通过20个是非问题确定答题者脑中所想事物）、收集石头、抓青蛙这样的游戏激起了我对自然世界的兴趣，并最终引导我去学习科学和艺术。在实验室里从事了10年的基础研究工作之后，我开始了新的征程，待在家里照顾我的三个孩子。

当我最小的孩子满2岁时，我将每个星期三定为家庭科学日。每个星期，孩子们都很期待尝试一个新的科学项目，比如，在大自然中散步、去动物园或参观博物馆。玩点跟平时的蜡笔涂鸦和捏彩泥不一样的游戏给我们带来了很多乐趣。

可惜，我找到的很多实验都需要专业设备，我最不愿意做的事就是把三个孩子带到五金店。于是，我开始回顾自己的实验室经历，着手改变传统的科学实验，或创造一些新的实验。为孩子们选择实验我有三个标准：第一，对我最小的孩子，实验必须足够安全；第二，对我最大的孩子，实验要有足够的吸引力；第三，可以利用家里现成的材料开展。

通过我们新收集的厨房实验，我和孩子们一起探索物理、化学、生物的奇妙世界。我最小的孩子只能参与很简单的实验项目，经常只是在玩弄实验材料，但是年龄较大的孩子们可以自己操作实验，还会饶有兴致地观察发生了什么。

晴天，我们会出去寻找毛毛虫，用比萨盒子制成的太阳能灶台来烤制巧克力夹心饼干；在寒冷的天气或下雨天，我们用吹泡泡或调制变色鸡尾酒来找乐子。我们用酵母来做实验，通过比萨面团了解微生物如何用于食物烹饪。我们家的后院也变成了一个实验室，我们在那里扔鸡蛋、射击棉花糖。我们还会用石蕊试纸做拼贴画，用明矾晶体来装饰房子，将科学和艺术完美地结合起来。

我和孩子们的第一本实验日志现在已经成为珍贵的纪念品。上面满是涂鸦、插画、日期和类似“表面张力”这种写得歪歪扭扭的文字。那些孩子们用蜡笔绘制蝴蝶、火山和渲染牛奶画的经历都是如此宝贵。

直到今天，每当我提议做一个新的或者最喜欢的实验时，我的孩子们还是会飞奔而来，我希望你们的孩子也会如此。

概　述

你的冰箱、食品柜，甚至堆满废品的抽屉里其实藏着大量的科学实验宝藏。这本书将向你介绍52个有趣的、富有教育意义的实验，用家里现有的东西就能探索科学。

春天，你可以通过在窗台种植来学习生物学。在白雪皑皑的冬日，可以尝试做有趣的冰块实验，了解为什么除雪机要在结冰的道路上撒盐。或者，也许你手上正好有一盒玉米淀粉，只要加入水就能简单地制作出非牛顿流体，这会是一件非常好玩的事情。

书中的每一个实验都包含简单易懂的科学解释，包含这个实验涉及的科学词汇和科学原理。实验设计就如食谱一般简单明了，每一个实验都包含以下5个部分：

- 实验材料
- 安全提示
- 实验步骤
- 科学揭秘
- 奇思妙想

“实验材料”列出了即将进行的实验所需的所有材料。“安全提示”提供了一些做实验时需要注意的常识性安全指导。“实验步骤”教会你如何一步一步开展实验。“科学揭秘”为每一个实验提供了简单的科学解释。“奇思妙想”提供给你不同的玩法，或者新的思路，将实验再向前推进，希望你能借此获得启发，自己产生更多新的创意。

对孩子来说，科学的过程与结果同样重要。测量、用勺子舀、搅拌和把双手弄得脏兮兮的都是体验的一部分，书中许多安全的化学实验的产物会让人感觉凉凉的，有的摸起来黏糊糊，有的会产生明显的气味……孩子们沉浸在实验中，可以调动他们所有的感官来体验。对于那些热爱视觉创意的人来说，一些实验甚至可以变身为艺术项目。大部分实验清理起来也很简单。

书中的一些实验可以使用相同的材料。例如，如果你正在用紫甘蓝汁制作“魔法药水”，那么可以用剩余的汁液来制作酸碱试纸。

我和我的孩子们已经尝试了书中所有的实验，如果你严格按照实验步骤一步一步进行，实验效果就会很好。但是，也有一些实验可能需要调整或多加练习才能达到完美的效果。请记住，出现失误和解决问题远比实验完美达成更有意义，在科学界，许多重大发现正是由实验室里的失误引发的。

实验日志

每一位科学家都会用到笔记本来详细地记录研究和实验。科学运用笔记本的方法包括提出问题、记录观察、实施实验以及最后解决问题。

如果你想制作自己的实验日志，首先找一本线圈笔记本、作文本，或将一些空白纸张装订成册。把你的名字写在封面上，用笔记本来记录所有你做过的精彩实验。在大自然中散步或外出度假时，也可以用实验日志记录看到的植物、动物和岩石结构。

如何像一个真正的科学家那样用科学的方法来制作实验日志？可以参考以下几点：

1. 你是何时开始实验的？

在页面的顶部写上日期。

2. 你想看到或学到什么？

提出一个问题。例如：“当我把小苏打和醋混合在一个瓶子里，会发生什么？”

3. 你觉得会发生什么？

建立一个假设。假设就是对观察到的某个现象或科学问题的一种初步解释，可以通过进一步的研究来证明该假设。换句话说，这是你基于已有经验，对于可能会发生什么所作的猜测。

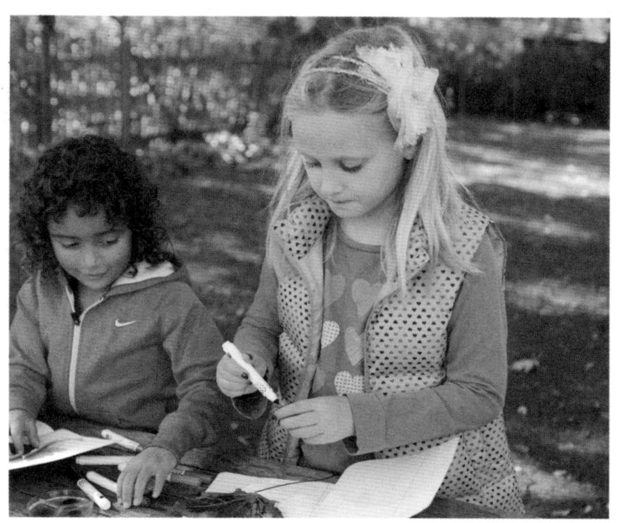

4. 用实验来验证你的假设时，发生了什么？

通过测量、书写、绘画或拍摄结果来记录发生了什么。把照片贴到你的笔记本上。

5. 所有的一切是朝着你设想的方向在进行吗？

依据你收集到的信息（数据），得出结论。实验结果与你想象会发生得一致吗？实验结果支持你的假设吗？

当你完成初始实验后，想想是否还有其他解决这个问题的方法，可以尝试一下书中提到的“奇思妙想”，或者以已做过的实验为基础，创造新的实验。学到的知识可以如何应用到你的生活中？在笔记本上写下你的想法，也许未来有一天你就会用到它们。

Diet
Nutrition Facts
Calories 0
Total Fat 0g
Sodium 40mg
Total Carbohydrate 0g
Protein 0g
Diet
Coca-Cola
NO REFILL
CA CRV

单元 1

神秘的白色粉末

——碳酸的化学反应

利用厨房里现有的材料，就可以制造出很多简单的化学反应。实际上，每当你在烤制曲奇饼干或者松饼的时候，就是在制造化学反应使它们膨胀。

什么是化学反应？这比你原以为的要简单得多。

我们所处的世界的一切都是由叫做“原子”的微小物体组成的。原子通常与其他原子相连，形成无数的原子小团体，我们称之为“分子”。比如说，一个水分子是由两个氢原子和一个氧原子结合而成的。

当你将两种不同的分子混合在一起形成一种或几种新的分子时，化学反应就发生了。换句话说，化学反应就是将两种物质混合在一起形成新的物质。当你在混合过程中看见一些气泡，感受到温度的差异，嗅到一种气味，或者发现了颜色的变化，可以说这就是发生了化学反应。

这个单元包含了一些有趣的化学反应，你可以通过混合一些东西来制造出二氧化碳气体。

实验 1

会变色的魔法药水

实验材料

→ 紫甘蓝
→ 小刀
→ 锅子
→ 搅拌器（可选，见［注意事项］）
→ 水
→ 耐热的勺子
→ 干净的玻璃杯（或瓶子、碗）
→ 滤锅
→ 白色纸巾
→ 1勺（5克）小苏打
→ 3勺（45毫升）白醋

安全提示

— 必须由成年人进行煮紫甘蓝与过滤热液的操作。
— 实验中，可能有液体从容器溢出，所以必须提前准备好纸巾。

在这个神奇的实验中，紫甘蓝的汁液会变色，还会产生气泡呢！

图5：气泡里含有二氧化碳气体。

实验步骤

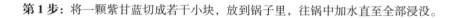

第 1 步： 将一颗紫甘蓝切成若干小块，放到锅子里，往锅中加水直至全部浸没。

第 2 步： 不加盖子，大约煮 15 分钟，其间偶尔搅拌。

第 3 步： 熄灭火源，等待汁液冷却，然后将紫色汁液倒入一个瓶子或者碗里。往两个玻璃杯（或瓶子、碗）里各倒入 $\frac{1}{4}$ 杯（60 毫升）紫色汁液，这就是魔法药水。倒之前将白色纸巾垫在玻璃杯下。

图1：往其中一杯紫甘蓝的汁液里加入小苏打。

图2：往另一杯紫甘蓝的汁液里加入白醋。

图3：将变成粉红色的紫甘蓝汁液倒入变成蓝色的紫甘蓝汁液里。

图4：观察所产生的化学反应。

第 4 步：往其中一杯汁液里加入小苏打，然后搅拌，观察杯中颜色的变化。（图 1）

第 5 步：往第二杯汁液里加入白醋，观察杯中颜色的变化。（图 2）

第 6 步：将含有白醋的那杯汁液（粉红色）倒入含有小苏打的那杯汁液（蓝色或绿色）里。（图 3）

注意事项：

为了避免使用炉子，可以切出半颗紫甘蓝，将其与3杯水（710毫升）混合后放在搅拌机里搅碎。使用滤锅（或将咖啡滤纸装进缺了一个角的塑料袋里自制过滤器）进行过滤，滤出汁液。用搅拌机得到的汁液制造出的气泡会更持久，混合后的液体也会呈现出一种更明亮的蓝色。

科学揭秘

色素里有很多由分子或者原子组成的小团体，正是它们使物质有了颜色。当紫甘蓝的汁液与酸或者碱混合时，色素会改变形态，能够吸收的光线也变得不同，既而将紫甘蓝的汁液变成了不同的颜色。因此，我们将紫甘蓝的汁液称为酸碱指示剂。

醋是一种酸，叫做醋酸，能使紫甘蓝的汁液变成粉红色。小苏打是一种碱，能使紫甘蓝汁液中的色素变成绿色或者蓝色。

至于混合时出现的气泡，是由于含有醋的汁液和含有小苏打的汁液混合在一起时，发生了化学反应。反应的产物之一就是二氧化碳气体，正是它使得混合液体出现了气泡。

奇思妙想

试着往你的“魔法药水”里加入其他液体，你是否能够分辨加入的液体是酸性的还是碱性的？

继续用你的紫甘蓝汁液制作能够检测酸碱的试纸（见实验 29“会变色的试纸”），再用剩下的紫甘蓝做晚餐吧！

实验 2

纸袋火山

实验材料

→ 纸质午餐袋或小型纸袋
→ 剪刀（可选）
→ 胶带
→ 空塑料瓶
→ 白醋
→ 食用色素
→ $\frac{1}{4}$杯（55克）小苏打（第9步的时候需要更多）

安全提示

— 实验时避免让眼睛沾到醋，否则会产生刺痛感。
— 不用把火山做得太完美，因为它最后会被溶液浸湿。

*编者注：喀拉喀托火山（Krakatau），位于印度尼西亚巽他海峡中，是一座活火山，1883年曾喷发，是人类历史上最剧烈的火山喷发之一。

在你的餐桌上做一座喀拉喀托火山吧！*

实验步骤

第 1 步： 将棕色的纸袋底朝上，撕去一个角制造出纸洞，这就是火山的火山口。

第 2 步： 通过撕、剪、折叠、弄皱以及用胶带固定的步骤将纸袋做成圆锥形状，让纸袋刚好可以罩住塑料瓶，瓶子的开口也能够穿过纸袋角上的洞。不能用胶带把纸袋和塑料瓶固定在一起。把火山装饰一下。

图1：往塑料瓶里倒入白醋。

第 3 步： 将塑料瓶从纸袋里拿出来，倒入半瓶白醋。（图 1）

第 4 步： 塑料瓶里装的是火山的"岩浆"，往里面加几滴食用色素。（图 2）

第 5 步： 把纸袋盖回塑料瓶上方，遮住"岩浆"。

图2：用食用色素给火山里的"岩浆"染色。

第 6 步： 将一张纸用胶带粘起来，做成一个顶端有小洞的圆锥形状，大小要能够伸入纸袋上的"火山口"。这是用来往塑料瓶里添加小苏打的漏斗。

第 7 步： 将纸袋火山放在一个托盘或其他能容纳溢出液体的器具中。

第 8 步： 用纸漏斗往火山里添加 $\frac{1}{4}$ 杯（55 克）小苏打，然后迅速移开纸漏斗，使火山开始喷发。（图 3、4）

第 9 步： 当火山停止喷发，试着往"岩浆"中加入更多的小苏打，看看会发生什么。

图3：将小苏打倒入火山里。

图4：火山喷发时注意避让！

科学揭秘

你建造的火山之所以会喷发，是因为小苏打和醋混合后会产生二氧化碳气体，这也是真正的火山喷发出来的物质之一。

真正的火山喷发时会伴随着更强大的力量。1883 年，喀拉喀托火山喷发，它的喷发和随之而来的海啸夺走了约 40000 人的生命，并且永远地改变了东印度群岛的地理位置。成吨的二氧化硫和火山灰弥漫在大气层，造成次年一整年都出现壮观的红橙色日落景观。

奇思妙想

往一杯235毫升的白醋里加入小苏打直至它停止产生气泡，一共要加入多少小苏打？

实验 3

嗞嗞冒泡的气球

实验材料

→中等尺寸的气球
→1个空塑料瓶
→$\frac{1}{3}$杯（80毫升）白醋
→3勺（14克）小苏打
→勺子

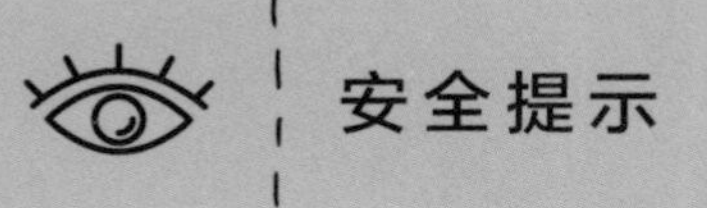

安全提示

— 戴上太阳镜或护目镜来保护你的眼睛。因为醋是弱酸，如果气球不小心从瓶子上弹开，眼睛沾到醋的话会感到刺痛。

这是一个充满气泡的化学反应，用看不见的二氧化碳气体吹大气球吧！

实验步骤

第 1 步： 往塑料瓶里倒入$\frac{1}{3}$杯(80 毫升) 白醋。

第 2 步： 保持气球吹气口张开，用勺子往里倒入大约三勺（14 克）小苏打。这个操作需要两个人，一个人打开气球的吹气口，另一个人往里倒小苏打。（图 1）

第 3 步： 晃一晃气球，使小苏打落在气球底部或正中。小心地打开吹气口将其完全包住塑料瓶的瓶口。让气球垂在瓶口一侧，这样在你准备好之前，小苏打就不会突然掉进瓶里。（图 2）

第 4 步： 捏住气球与瓶子的连接部位，使劲摇晃，使小苏打落进瓶里，所有动作需一次性完成。（图 3）

图1：在别人的帮助下将小苏打倒入气球中。

图2：把气球的吹气口包在瓶口上，确保装有小苏打的部分垂在一旁。

图3：快速地将小苏打一次性晃入瓶中。

科学揭秘

小苏打的学名是碳酸氢钠，厨房里的白醋是稀释过的乙酸，当这两者混合就会产生化学反应，形成新的化学物质，包括使气球膨胀的二氧化碳气体。正是因为我们觉察到实验中产生了气泡、瓶子变冷了、气球因为看不见的气体而膨胀了，我们才知道这里有一场化学反应正在发生。

奇思妙想

可以用另一种方法制造出二氧化碳气体吗？包括人类在内的许多生物在分解营养物质时都会产生二氧化碳气体。你是否能用制作面包的酵母、糖和水做一个类似的实验来吹大气球？你认为这个实验需要的时间会更长吗？

培养酵母的小窍门详见实验 33“酵母吹气球”。

实验 4

橡皮糖虫“活”了

实验材料

→ 橡皮糖
→ 剪刀
→ 3勺（42克）小苏打
→ 1杯（235毫升）温水
→ 勺子
→ 瓶子（或干净的玻璃杯）
→ 白醋
→ 叉子

用简单的化学反应将橡皮糖虫变“活”吧！

图5：观察橡皮糖虫在白醋里如何蠕动和漂浮。

实验步骤

第1步： 用剪刀将橡皮糖剪成长条形状，做成瘦长的橡皮糖虫。每块橡皮糖至少剪成4条。剪得越细，实验的效果越好。（图1、2）

第2步： 将小苏打和温水混合然后搅拌。把瘦长的橡皮糖虫放进小苏打溶液中，浸泡15 ~ 20分钟。（图3）

第3步： 当橡皮糖虫泡在小苏打溶液里时，往一个干净的玻璃杯或瓶子里倒满白醋。

第4步： 20分钟后，用叉子把橡皮糖虫从小苏打溶液中捞出来，放进那杯白醋里让它们“活过来”。（图4、5）

安全提示

— 为了避免孩子在使用剪刀时割伤或出现其他意外，成年人可以事先帮助他们把橡皮糖剪成长条形状。

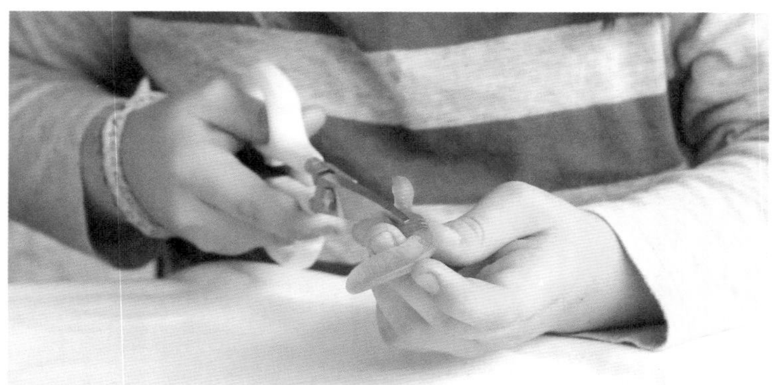

图1：将橡皮糖剪成细长条。

图2：剪得越细，实验效果越好。

图3：把橡皮糖虫浸泡在小苏打溶液里。

图4：把浸过小苏打溶液的橡皮糖虫扔进白醋里。

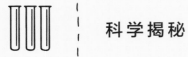

科学揭秘

杯子里的白醋（稀释过的乙酸）和橡皮糖虫身上因为浸泡而携带的小苏打（碳酸氢钠）发生反应，产生出二氧化碳气体，导致气泡出现。气泡的密度比醋小，因此会浮在液体表面，带动被气泡包裹着的橡皮糖虫。这使得橡皮糖虫蠕动起来，仿佛“活”过来了，这种现象会一直持续到化学反应结束。

奇思妙想

为什么用完整的、没有剪细的橡皮糖做实验，实验效果会不好呢？

你还能用这个化学反应让其他东西“活过来”吗？

实验 5

可乐喷泉

实验材料

→ 1瓶（2升）可乐
→ 纸
→ 条装曼妥思薄荷糖

用可乐和薄荷糖做一个充满气泡的喷泉吧！

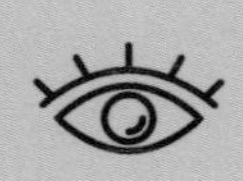

安全提示

— 在实验过程中戴上眼镜或护目镜。
— 将薄荷糖加入可乐瓶后需迅速退后，否则可能会被喷涌的液体淋湿。这个实验最好在户外进行。

实验步骤

第 1 步： 取下可乐的瓶盖，将整瓶可乐放置在一处较为平坦的地面上。

第 2 步： 将纸卷成管子形状，宽度以既能伸进可乐瓶口也能容纳薄荷糖通过为宜。（图 1）

第 3 步： 用手指堵住纸管的一端，往纸管里装满薄荷糖。（图 2）

第 4 步： 迅速地将纸管里的薄荷糖一次性全部倒入可乐瓶里并迅速后退。（图 3、4、5）

图1：用纸做一个能放入薄荷糖的管子。

图2：在纸管里装满薄荷糖。

图3：将纸管里的薄荷糖全部倒入可乐瓶里。

图4：薄荷糖会和可乐发生反应，产生二氧化碳气体。

图5：在液体喷出时迅速后退。

科学揭秘

科学家认为可乐里的甜味剂和其他化学物质与曼妥思薄荷糖里的化学物质发生了反应，导致在薄荷糖粗糙、凹凸不平的表面上，迅速产生二氧化碳气体。大量的气体释放在瓶子里形成了一股压力，使可乐混合着气泡向空中喷射而去。

奇思妙想

用不同的饮料或薄荷糖做实验，还会有同样的效果吗？

如果用的是水果味的曼妥思薄荷糖呢，效果会有什么不同？

单元 2

宝石工厂
——自己制造晶体

我们生活在一个快节奏的时代，自己动手制造晶体这样的科学实验却能让孩子懂得自然是无法被催促的。尽管制造晶体可能需要几个星期的时间，但是孩子可以从这种类似冰糖制作的实验中获得巨大的收获。

原子有规律地排列出几何结构就形成了晶体，晶体的样子有点像一个三维立体的铁丝网围栏，从餐桌上的盐到能制成半导体、LED显示屏和太阳能电池的硅，都是晶体。这些有序排列的网状分子结构与我们的生活密不可分。

在这个单元里，你将会用过饱和溶液制造出三种不同的晶体：明矾、糖和盐，它们看起来就像水晶宝石一样漂亮。如果你手头没有合适的材料，可以到附近的百货商店去买。

实验 6

蛋壳宝藏

实验材料

- → $\frac{3}{4}$杯（160克）明矾（硫酸铝钾，见［注意事项］），可以在杂货店的调料区买到，多买一些以备实验之需
- → 3个生鸡蛋
- → 锯齿状的刀
- → 小笔刷或棉签
- → 胶水
- → 2杯（475毫升）水
- → 煮水的小锅
- → 食用色素（可选）

用明矾粉末和蛋壳制造出闪闪发光的水晶宝藏吧！

图5：从明矾溶液中取出蛋壳并擦干。

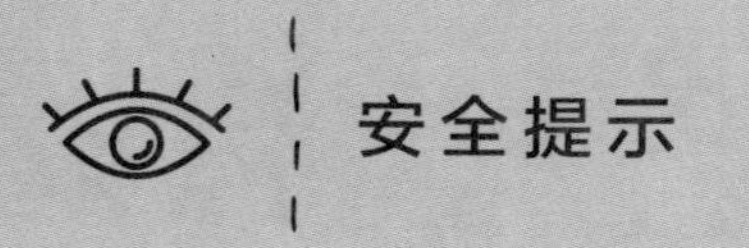

安全提示

— 由成年人进行将鸡蛋壳切成两半和加水煮的操作。

— 处理完生鸡蛋后记得洗手。

实验步骤

第 1 步：用锯齿状的刀将生鸡蛋切成两半，倒出蛋液，将蛋壳洗净晾干。

第 2 步：用小笔刷或棉签往蛋壳内侧涂抹上一层薄薄的胶水。（图 1）将明矾粉末洒在胶水上，把蛋壳晾上一整夜直至胶水完全变干。（图 2）

第 3 步：在小锅里放入$\frac{3}{4}$杯（160 克）明矾粉末，加水煮，这个步骤需要成年人操作或在旁照看。确保锅里所有的明矾粉末都溶解后（这时溶液有可能看起来仍旧很浑浊），冷却溶液，得到的就是过饱和明矾溶液。（图 3）

图1：在蛋壳内侧涂上胶水。

图2：将明矾粉末洒在胶水上。

图3：将明矾粉末放入水里，加热煮开使其溶解。

图4：把撒满了明矾“种子”的蛋壳放入冷却后的明矾溶液里。

第 4 步： 等溶液冷却到可以安全地用手接触的时候，轻轻地将蛋壳浸入明矾溶液里。为了让“宝藏”颜色好看，可以往锅里加上一大滴食用色素。（图 4）

第 5 步： 将蛋壳放在锅里静置一段时间，等待它制造出“宝藏”。

第 6 步： 三天后，小心地将蛋壳从明矾溶液里拿出来并晾干。（图 5）

注意事项：

明矾可以在超市或杂货店的调料区找到，通常备上4~5瓶就足够了。

科学揭秘

明矾，也叫硫酸铝钾，是发酵粉的成分之一，常被用于腌制泡菜。明矾晶体就是从这个实验中使用的过饱和明矾溶液里产生的。

过饱和溶液里含有比普通溶液更多的原子（或者其他溶质）。你可以在家里方便地获得过饱和溶液：首先加热溶液至溶质完全溶解，然后冷却。冷却后的溶液就成了过饱和溶液，因为热水比冷水能溶解掉更多的溶质。

当过饱和溶液遇到可作为“种子”的原子或分子的时候，其他的原子就会从溶液中分离出来并和“种子”连在一起，晶体就这样形成了。在这个实验中，明矾晶体就是围绕着你洒在胶水上的明矾“种子”生长起来的。

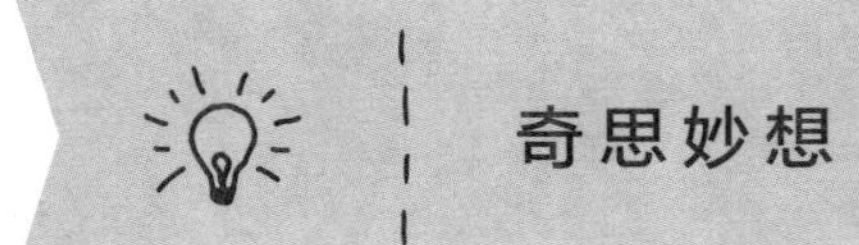

奇思妙想

你可以用同样的实验方法制造出盐或糖的晶体吗？

你认为颜色是如何融入到晶体里去的？

你认为色素的加入会影响晶体的外形吗？

如果蛋壳在溶液里放置得更久，生长出的晶体会更大吗？

试着给其他物体涂上胶水，以此制造出不同的晶体。

实验 7

冰糖宝石

实验材料

- → 5杯（1千克）颗粒状的白糖（可以多准备一些）
- → 2杯（470毫升）水
- → 小棒
- → 煮水用的中号锅
- → 玻璃容器
- → 食用色素

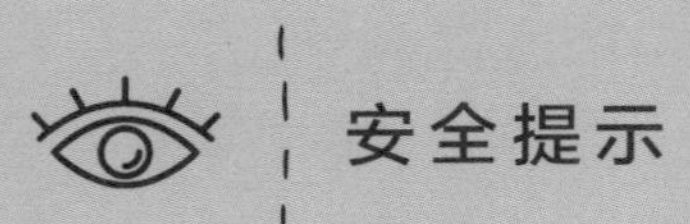

安全提示

— 由成年人进行煮水和处理热糖浆的操作，等溶液冷却后，再让孩子接手继续。

在小棒上制造出彩色又美味的冰糖宝石吧！

实验步骤

第 1 步： 将小棒的一段先浸在水里，再插入白糖杯里。让小棒覆盖上大约5 ~ 7.5厘米长的白糖颗粒，然后放置晾干。棒上的白糖就是生长出“冰糖宝石”的“种子”。（图 1）

第 2 步： 将 2 杯水和 5 杯糖放入锅里煮，直到白糖尽可能地溶解在水中，变成糖浆，冷却后就获得了过饱和糖溶液。

图1：把小棒的一端粘上白糖。

图2：在糖浆中加入食用色素并搅拌。

图3：将生长完成的“冰糖宝石”从糖浆里取出。

第 3 步：待糖浆不烫后倒入玻璃容器里，加入食用色素并搅拌。（图 2）

第 4 步：待染了色的糖浆冷却至室温，将小棒上粘有白糖的那一端浸入糖浆里，放置一星期的时间。其间需不时地轻轻移动小棒，以免它们粘在容器底部。如果容器里的“冰糖宝石”长得太满了，可以把糖浆倒入一个新的容器里，把小棒移到那盆干净的糖浆里使它长出更多的“冰糖宝石”。

第 5 步：等“冰糖宝石”做好了，倒掉多余的糖浆，将样子看起来像棒棒糖的“冰糖宝石”晾干。在放大镜下仔细观察它们。（图 3）

第 6 步：祝你吃得开心！

科学揭秘

就像一堵墙是由许多砖头组成的一样，晶体是由重复结构的分子按一定模式组成的固体。只不过砖头是用水泥粘在一起的，原子和分子是用原子联结起来的。

化学成分相同的晶体可能有大有小，但是它们的外形往往相同。实验中的白糖是一种蔗糖，一个蔗糖分子由两种糖组成，葡萄糖和果糖。由蔗糖分子形成的糖晶体的外形像六边形的棱镜，带有倾斜的末端。

当糖浆里的蔗糖分子和粘在小棒上的作为“种子”的蔗糖分子接触时，能够制造出“冰糖宝石”的结晶过程就开始了。

奇思妙想

还有其他东西的表面可以用于培养糖晶体吗？

糖晶体能变得多大呢？

如果将你的“冰糖宝石”放在糖溶液里几个月，晶体会一直持续变大吗？

实验 8 向上爬的盐晶体

实验材料

→ 细绳（最好是厨房用的白色细绳）
→ 剪刀
→ 4个干净的小容器，比如瓶子或杯子
→ 2杯（470毫升）水
→ 小锅
→ 8勺（144克）盐
→ 食用色素
→ 8个回形针
→ 放大镜

安全提示

— 加热煮水的操作必须由成年人完成，当孩子往水里加盐时，成年人需在一旁照看。

观察彩色的盐水如何顺着细绳爬上来，随着水分蒸发，绳子被裹上一层薄薄的盐晶体。

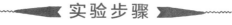

图5：每天观察绳子上的盐晶体是如何变化的。

实验步骤

第 1 步： 为每个容器剪一段大约 15 厘米长的绳子，在绳子的一端各打一个或两个结。

第 2 步： 用小锅把水煮开。

第 3 步： 往水里加盐，每次倒入一勺（18 克）。一直搅拌直至水里无法再溶解盐，待其冷却就获得了过饱和盐溶液。（图 1）

图1：将盐溶解在热水里。

图2：往每个瓶子里加一些食用色素。

图3：在每条绳子的一端系上一个回形针。

图4：把绳子打结的一端浸泡在盐水里。

第 4 步： 等待盐水冷却后，往每个容器里倒入 $\frac{1}{4}$ 杯（60 毫升）盐水。

第 5 步： 往每个容器里加入几滴食用色素。（图 2）

第 6 步： 将绳子打了结的一端放入彩色的盐水里，在绳子的另一端系上一个回形针。放入盐水里的绳子会浮起来，所以要轻轻转动，让绳子浸泡到盐水。系有回形针的绳子一端一直悬挂在容器的外侧。（图 3、4）

第 7 步： 每天检查绳子，看看有什么变化，可以用放大镜观察绳子上的盐晶体。（图 5）

科学揭秘

盐的学名是氯化钠。当你往热水里加盐的时候，就是在制作过饱和盐溶液，因为加热的溶液比在室温下能溶解更多的氯化钠原子。

在这个实验中，盐水被绳子吸收并且顺着绳子向上攀爬。当盐水中的水分蒸发，被绳子吸收的盐分留在绳子的纤维上，和其他的盐分子一起形成了新的、更大的氯化钠晶体，这就是盐晶体。

奇思妙想

如果将盐和糖一起溶解在过饱和溶液里，会发生什么？

在放大镜下，所有的晶体看起来都是一样的吗？

单元 3

赐予我力量

——运动中的物理学

很久以前，英国有一位热爱数学和科学的学生，他学习了哥白尼（Copernicus）、伽利略（Galileo）、开普勒（Kepler）这些伟大思想家的著作，带着好奇心和求知欲观察着他周围的世界。

传说他看到苹果从树上掉下来，就产生了探索重力的想法，并且用这种新思路来研究行星的运动。这位学者名叫艾萨克·牛顿（Isaac Newton）。1867年，他发表的关于运动和重力的学说彻底改变了人们认识世界、宇宙以及科学的方式。

在物理学里，所谓物体的运动是指相对于时间而言，物体位置的改变。而这种改变是由力作用于物体之上导致的。在这个单元里，你将与运动、力以及能量打交道，探索力施加于棉花糖、生鸡蛋这些日常物品上时对它们产生的影响。你甚至还会发现牛顿的名字出现在其中好几个实验里。

实验 9

棉花糖弹弓

实验材料

→ 橡皮筋
→ 塑料或橡胶材质的圆环（如药瓶瓶颈或塑料牛奶壶盖下方的塑料环）
→ 棉花糖
→ 四脚椅

安全提示

— 用棉花糖瞄准目标时，不能对着人发射。
— 老一点的棉花糖没有那么黏稠，更容易发射。

让棉花糖飞起来吧！

图5：可能需要多操作几次才能成功。

实验步骤

第 1 步： 在圆环里穿入 2 根或更多的橡皮筋（数量翻倍弹射力量会更强劲），让圆环处于橡皮筋的中央。将橡皮筋轻轻对折，让橡皮筋的一头绕过圆环穿入另一头向上拉紧，将橡皮筋紧紧扣在圆环上。（图 1、2）

第 2 步： 把椅子倒置，橡皮筋套在椅子的两脚上，让圆环处于椅脚中间，成为一架弹弓。（图 3）

第 3 步： 用弹弓瞄准目标后发射棉花糖，观察拉伸橡皮筋的能量如何转化为弹射棉花糖的能量。

你可能需要加以练习才能命中目标，但不知不觉中，你将成为一名出色的神枪手！（图4）

图1：把橡皮筋穿过圆环。

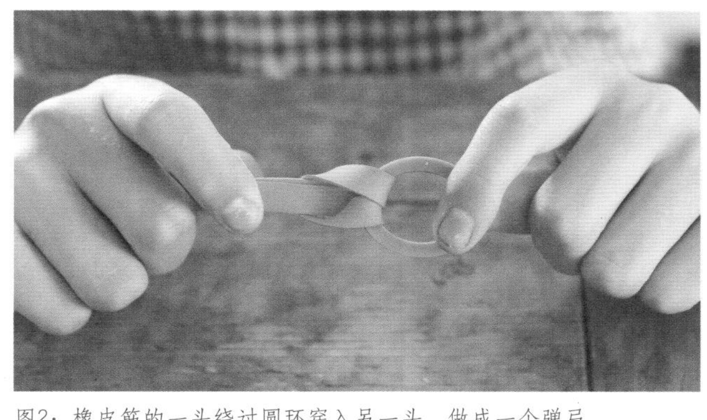

图2：橡皮筋的一头绕过圆环穿入另一头，做成一个弹弓。

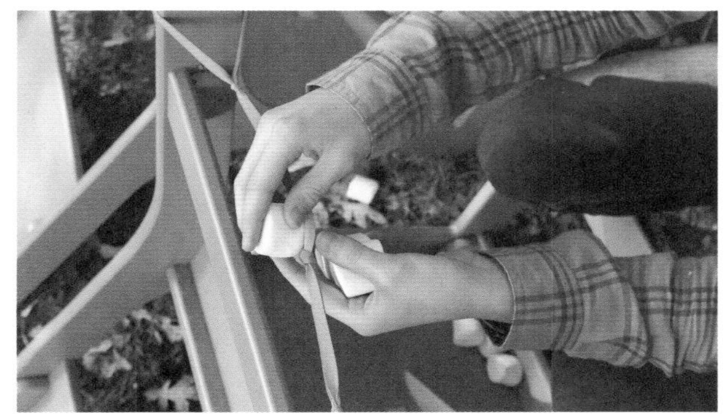

图3：把弹弓安装在倒置的椅脚上。

图4：瞄准目标，发射棉花糖。

科学揭秘

能量可以改变，但不会凭空消失。这个科学概念被称作能量的转化。当你将弹弓的橡皮筋往后拉时，肌肉对橡皮筋做功。做功的多少取决于拉动橡皮筋的用力程度（力的大小）以及把橡皮筋向后拉动多远（距离），功＝力 × 距离。

所做的功被储存为橡皮筋的势能。一旦放松橡皮筋，橡皮筋对棉花糖做功，势能转化为飞出去的棉花糖的动能。当棉花糖命中目标停下来，动能便转化成了热能。

奇思妙想

橡皮筋的厚度是否会影响最大弹射距离？为什么？

还有哪些变量会影响弹射棉花糖的距离和方向？

实验 10 桌布戏法

玩一个令亲友咋舌的物理小戏法吧！

图3：实验成功了！

实验材料

→ 桌子
→ 厚重的碗或玻璃杯（不能太高也不能容易倾倒）
→ 没有滚边的桌布、画纸或剪去滚边的旧床单
→ 水

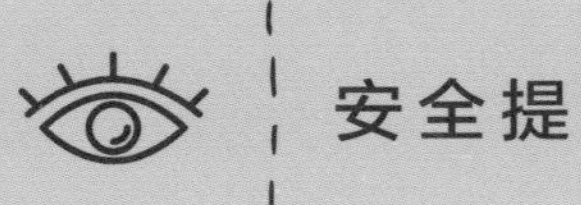

安全提示

— 由于成功完成实验需要加以练习，建议放在室外进行。
— 可以把桌子安置在草坪或柔软的地毯上，避免杯子从桌子上跌落打碎。

实验步骤

第 1 步：将桌布铺在桌上，盖住约 61 厘米宽的桌面。

第 2 步：在玻璃杯中注入半杯水，放在靠近桌子边缘的桌布上。

第 3 步：双手抓住桌布，沿桌子边缘快速地向下拽。这非常重要！如果直接朝着自己水平方向拽，或者拽得太慢，都无法完成实验。假如方法得当，玻璃杯中的水会溅出一些，但杯子在桌上保持不倒。（图 1、2、3）

图1：做几个准备动作，试试朝上拽桌布。

图2：正式实验了，快速用力地往下拽桌布。

科学揭秘

惯性定律指任何物体在没有受到力的作用时，运动状态不会发生改变，运动的物体保持运动，静止的物体保持静止。本实验中的玻璃杯不倒验证的就是物体保持静止的惯性。物体越重，惯性越大。

在实验中，盛水的玻璃杯一直处于静止状态，并没有变为运动状态。尽管杯子下面的桌布在快速运动，但沉重的杯子从桌布上滑过的细微动作并不快，水杯和桌布之间的摩擦力也不是很强，因此无法使玻璃杯运动起来。这看起来很像魔术，其实里面蕴含着物理学原理。

奇思妙想

假如用一个比较重的盘子和银器来做这个实验，会怎么样呢？

用什么材质的桌布实验效果最好？用什么材质的桌布效果会不好？

实验 11

扔鸡蛋大战

后院是仅次于厨房操作台的最佳实验室，让我们通过投掷鸡蛋来认识运动和力吧！

实验材料

→ 1条旧床单
→ 晾衣夹（或铁丝扎带、细绳）
→ 生鸡蛋
→ 树、晾衣绳或帮忙拉床单的两个人
→ 2把椅子

安全提示

— 处理过生鸡蛋后一定要记得洗手，蛋壳上面和鸡蛋里面可能存在着能够引发疾病的沙门氏菌。

实验步骤

第 1 步： 用晾衣夹（或铁丝扎带、细绳）把床单的两个角绑到树上。假如周围没有合适的树，也可以绑在别的地方，或者找两个高个子的人帮忙举着。

第 2 步： 再找两个人把床单下摆举起来，让床单形成字母“J”的形状，也可以把下摆的两个角绑在棒子上。（图 1）

第 3 步： 用最大的力气把生鸡蛋投掷到床单上。被扔出去的蛋是不会破的，因为接触到的床单减缓了鸡蛋的运动速度。（图 2）

图1：两个人把床单下摆朝上举起，形成字母“J”的形状。

图2：用最大的力气把鸡蛋投向床单的中间。

奇思妙想

如果用更大的力量来投掷鸡蛋，会怎样呢？

把报纸糊在车库的门上或侧放的桌子上，朝这些物品坚硬的表面投掷鸡蛋。看看会发生什么。

最后别忘了将场地清理干净哦！花园里的浇水管可以在这时派上大用场。

科学揭秘

运动中的物体试图一直保持其运动状态。要让在空中运动着的鸡蛋停下来，必须给它施加力的作用。在这个实验里，这个力是由悬挂着的床单来施加的。

运动定律指的是，想越快改变物体的速度，施加在物体上的力需要越大。鸡蛋碰到床单时，减小了原本施加在鸡蛋上的力，鸡蛋被减速，因此完好无损。

这也是为什么要在汽车上安装安全气囊的原因。假如汽车在行驶过程中撞到了其他物体，导致急速停车，安全气囊就起到了床单一样的作用——让车上的人缓慢减速，大大减小了他们撞上仪表盘的力度。

实验 12

钻进瓶子里的蛋

观察大气压是如何将鸡蛋推入玻璃瓶中去的，见证“魔法”时刻吧！

实验材料

- → 1个玻璃瓶（如果汁瓶），瓶口比一个煮熟的鸡蛋略小
- → 小个或中等大小的鸡蛋
- → 香蕉
- → 小刀
- → 生日蜡烛
- → 长棒火柴或打火机

图1：用蛋塞紧瓶口。

图2：瓶内的蜡烛燃尽，蛋钻入瓶子里。

安全提示

- — 由于会使用到火柴或打火机，本实验需要成年人在旁照看。
- — “翻转实验步骤”操作起来会更容易一些。

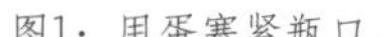

翻转实验步骤

第 1 步： 在白煮蛋较大的一头插上两根蜡烛。

第 2 步： 点燃蜡烛，将玻璃瓶倒置后罩在蜡烛上，加热瓶里的空气。

第 3 步： 保持瓶子倒置，让插在蛋上的蜡烛伸进瓶子里，用鸡蛋塞紧瓶口。握紧鸡蛋直至瓶内的蜡烛熄灭，鸡蛋会被空气压力“推”入玻璃瓶内，压力的大小就是将蛋推入瓶内的空气的重量。（图 1、2）

标准实验步骤

第 1 步： 白煮蛋去壳，放在玻璃瓶瓶口。确认蛋不会轻易通过挤压进入瓶中。再把蛋放到一边。（图 3）

第 2 步： 切一段香蕉作为烛台，把蜡烛插进香蕉里后放入玻璃瓶中，让蜡烛头朝上。

第 3 步： 点燃瓶中的蜡烛，把蛋放在瓶口，向下塞紧。等待瓶中的蜡烛熄灭，看看会发生什么。如果没有成功，试试翻转实验步骤。（图 4、5）

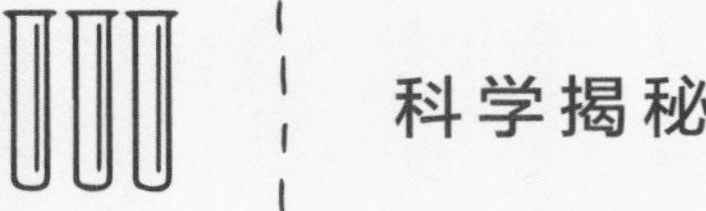

科学揭秘

蜡烛的火焰加热了瓶中的空气，当蜡烛因缺氧而熄灭，瓶中的空气迅速冷却，降低了瓶中空气的压力，制造出部分真空状态。而此时瓶外空气的气压高于瓶内气压，为了恢复瓶内外的平衡，瓶外的空气就把蛋推入了瓶中。

图3：将一个白煮蛋去壳。

图4：点燃瓶内的蜡烛，把蛋放在瓶口。

图5：观察大气压力是如何将蛋推入瓶中的。

单元 4

揭开生命密码

——生命科学

生物是各种分子的精彩组合。研究生命系统复杂性的学者渴望着能有更多的科学发现，让世界成为适合所有生物生存的健康、快乐的家园，当然也包括人类自身！

从鸡蛋到DNA，在家庭里就可以探索生命科学，并获得无穷乐趣。在这个单元里，你将通过探究蛋壳，发现精妙的生物结构，并惊叹于由其导致的坚硬与脆弱并存的状态。你还将学到从草莓中提取DNA的简单方法以及如何提取指纹，而指纹让我们每个人成为与众不同的个体。

实验 13

外星怪物蛋

实验材料

→ 1个能容纳鸡蛋的广口瓶
→ 带壳的生鸡蛋
→ 永久性记号笔（可选）
→ 白醋或果醋
→ 绿色的食用色素
→ 玉米糖浆

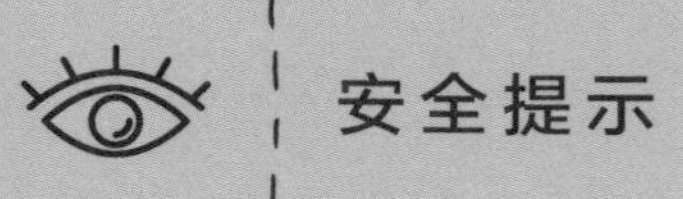

安全提示

— 接触过生鸡蛋后一定要记得洗手，因为鸡蛋可能携带能够引发疾病的细菌。
— 小心别让醋进到眼睛里，因为醋有弱酸性，会让眼睛感到刺痛。

用醋溶解蛋壳，再用玉米糖浆创造出皱巴巴的怪物蛋吧！

实验步骤

第 1 步： 在瓶子里放入一些生鸡蛋，用醋浸没。有兴趣的话，可以在浸泡醋液之前，用永久性记号笔在蛋壳上画出眼睛。（图 1）

第 2 步： 把瓶子放入冰箱静置过夜。第二天取出，用清水把蛋轻轻漂洗干净。这时只有蛋外面的薄膜保留了下来，看起来就像一个橡胶气球一样。试着摸一摸，有什么感觉？（图 2）

步骤 3： 倒掉瓶子里的醋，把蛋漂洗干净，再装回瓶子里。用玉米糖浆浸没蛋，再加入绿色的食用色素。小心地倒转瓶子，让里面的溶液均匀混合，然后放进冰箱里静置 24 小时。取出后看看发生了什么变化。（图 3、4）

图1：把生鸡蛋放入瓶子里，用醋浸没。

图2：第二天，把蛋从醋液中取出，观察蛋的变化。

图3：将蛋漂洗干净，浸入玉米糖浆里。

图4：玉米糖浆会让蛋变得皱巴巴。

科学揭秘

鸡蛋壳主要由钙和碳两种化学元素构成，两者结合成碳酸钙晶体。醋是一种能破坏碳酸钙晶体结构并产生化学反应的酸。碳酸钙和醋相互作用会产生二氧化碳气体，于是当你把鸡蛋浸入醋的时候，会观察到气泡的出现。

鸡蛋外围覆着一层气球质感的薄膜，它能允许水分子穿过。玉米糖浆的主要成分是糖，含水量不高，因此蛋里的水分子就穿过薄膜跑到了玉米糖浆里，导致鸡蛋变得皱巴巴的。

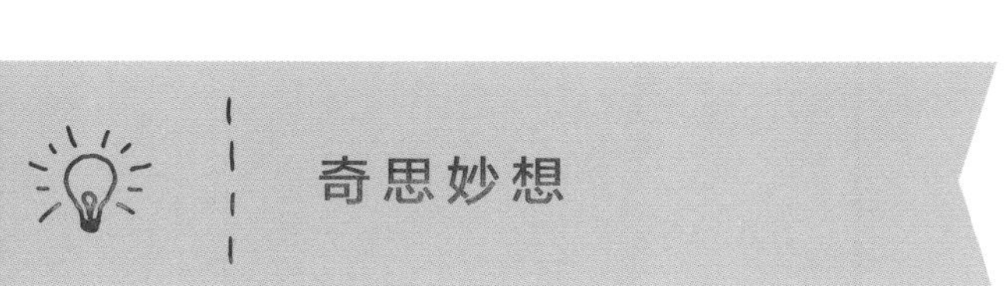

奇思妙想

将实验后皱巴巴的鸡蛋漂洗干净，再次浸入水中并置于冰箱内过夜，这时会发生什么情况呢？

实验 14

站在鸡蛋上

站在鸡蛋上测试一下蛋壳的承受力吧！

实验材料

→ 1～2盒12只装的生鸡蛋

图4：站在鸡蛋上测试蛋壳的承受力。

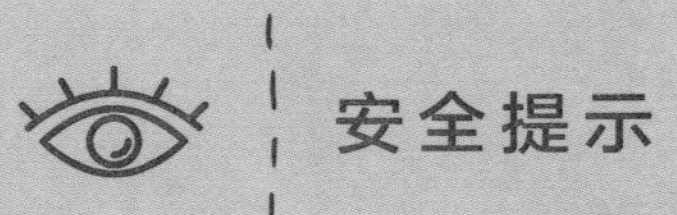

安全提示

— 接触生鸡蛋后要记得洗手，鸡蛋可能带有能够致病的沙门氏菌。

实验步骤

第1步：打开1～2盒生鸡蛋。（图1）

第2步：确认所有的蛋都没有破损，将它们全都朝着一个方向摆放（尖头或圆头朝上）。

第3步：将整盒鸡蛋放在地面上。

第4步：脱掉鞋袜，扶住椅子或某人的手。双脚平放，小心地将两只脚踩在鸡蛋上。（图2、3、4

图1：鸡蛋其实比你想象的更结实。

图2：扶住某人的手，小心地踩在鸡蛋上。

图3：鸡蛋可能不会碎裂。

科学揭秘

鸡蛋壳本身很脆弱，为的是小鸡能破壳而出。然而蛋壳拱形的结构是一种神奇的构造，它能承受很大的压力而不破碎。这一点异常重要，因为鸡妈妈是要坐在上面孵化小鸡的。人们就是利用这种拱形结构建造出结实的建筑和桥梁。

压力是物体表面所受的力。当你赤脚站在一盒鸡蛋上，你的体重被均匀分摊，因此压力也被平均地分摊到 12 个鸡蛋上。又由于鸡蛋的拱形结构足够坚固，才使得你脚下的蛋壳不容易碎裂。

奇思妙想

同样的实验，如果改为穿上高跟鞋、足球鞋或跑步钉鞋，会发生什么情况呢？

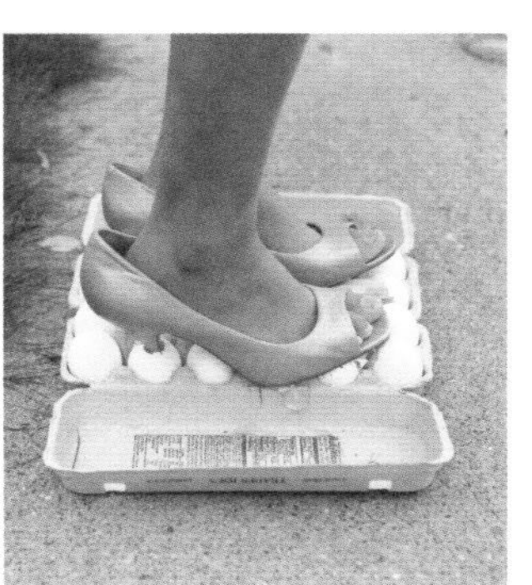

脱掉手上的戒指，把一个生鸡蛋放进可封口的塑料袋中，均匀出力，用手握牢鸡蛋。如果使出最大的力气，你能把鸡蛋捏碎吗？

实验 15 提取草莓DNA

实验材料

- → 3颗草莓
- → 餐刀
- → 若干量杯（235毫升或475毫升）
- → 叉子
- → 量勺
- → 洗衣液或洗衣粉
- → $\frac{1}{2}$杯（120毫升）温水
- → 2个中等大小的碗
- → 1～2杯（235～475毫升）热水
- → 1～2杯（235～475毫升）凉水
- → 冰块
- → 可封口的塑料袋
- → 剪刀
- → 锥形的咖啡滤纸
- → 细长透明的小花瓶（或高脚杯、水杯、试管）
- → $\frac{1}{4}$勺（1.5克）盐
- → 冰冷的谷物酒（或外用酒精）
- → 牙签（或搅拌棒、塑料叉子）

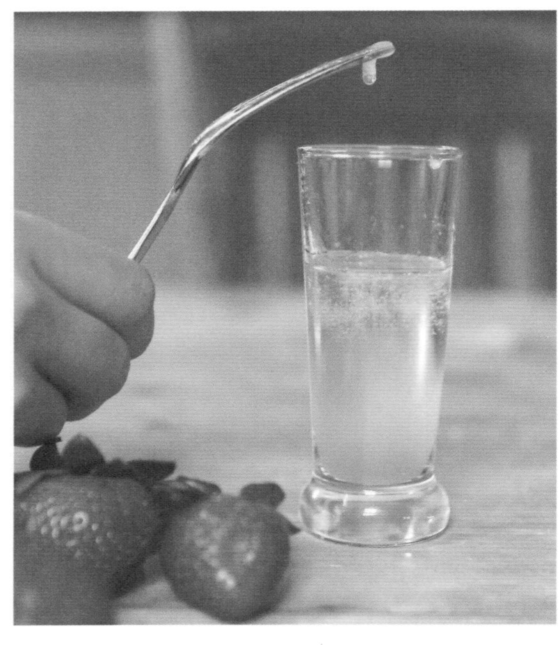

试着从草莓中分离出遗传物质DNA吧！

图5：得到了草莓的DNA。

实验步骤

第 1 步： 用餐刀把草莓切成小块。（图 1）把草莓碎块放进一个量杯中，用叉子捣烂，直到看不到块状物。

第 2 步： 在温水中加入 1 勺（6 毫升）洗衣液或（5 克）洗衣粉，混合后倒入装有草莓的量杯中搅拌均匀。

第 3 步： 将热水倒入一个碗中，把盛有草莓混合液的杯子置于热水碗中。注意不要让热水溅入草莓混合液里。（图 2）

第 4 步： 再次搅拌草莓混合液。洗衣液和温暖的水会开始慢慢溶解草莓细胞。名叫“酶”的蛋白质会分解构成草莓细胞的物质，将草莓的 DNA 从细胞核中释放出来。放置 12 分钟，其间不时搅拌一下草莓混合液。

图1：将草莓切成小块。

图2：将草莓混合液置于热水碗中。

图3：将草莓混合液置于冰水碗中5分钟。

图4：用一个过滤装置，过滤出草莓泥。

第 5 步： 在另一个碗里加入 1 ~ 2 杯（235 ~ 475 毫升）凉水和大量冰块，制造出冰水。将盛有草莓混合液的杯子放入冰水中，保持 5 分钟，其间搅拌 1 ~ 2 次。低温将减慢草莓中酶的作用，不让它进一步分解 DNA。（图 3）

第 6 步： 等待时，将一个可封口的塑料袋剪成漏斗形状，与咖啡滤纸尺寸相当。将塑料袋的一角剪掉，确保液体可以流出，然后把咖啡滤纸放到塑料袋里做成漏斗。将装有滤纸的塑料袋置于一个量杯（或宽口玻璃杯）里。

第 7 步： 5 分钟后，将草莓混合液倒入漏斗里，草莓泥会被过滤下来，而富含 DNA 的液体会流到下面的杯子里。如果漏斗发生阻塞，就用勺子小心地从里面舀掉一些草莓泥，这样就能有更多的液体流出，不用担心收集不到液体。（图 4）

第 8 步： 接着是让 DNA 沉淀下来。将部分过滤获得的液体倒入细长的玻璃小瓶中，大约至容器 $\frac{1}{3}$ 处位置。在这些溶液中加入盐，搅拌均匀。倒入与液体等量的冰冷酒精，不要搅拌，用手遮住瓶口轻轻晃动。将瓶子置于桌上或冰水中静置片刻。

第 9 步： 此时应该能在液体顶层看到形成了一层絮状黏稠物，有点像气泡，略微有点白色，这就是草莓的 DNA。用牙签（或搅拌棒、塑料叉子）取出一些 DNA，它看起来像干净的黏液。恭喜你，成功分离出了草莓的 DNA。（图 5）

科学揭秘

DNA，全称脱氧核糖核酸，是包含遗传信息的分子链，有时也被称作“生命的蓝图”。

在植物和动物这样的有机体里，DNA 被储存在细胞核这个特殊的结构里，呈现为细长的绳状，紧密地缠绕在一起。要将 DNA 从包含它的有机体中分离出来，必须破坏细胞（即溶解细胞），将大块的细胞组织过滤掉，收集留下的液体（或者称作上清液），再加入盐、酒精这样的化学物质，将 DNA 从过滤后的液体中析出。

奇思妙想

尝试从其他水果和蔬菜中分离出 DNA。

如果把草莓泥放在洗衣液中浸泡过夜，会发生什么情况呢？还能分离出草莓的 DNA 吗？

实验 16

指纹鉴定

尝试提取指纹——用指纹学来观察你的手吧！

实验材料

→ 2张白纸
→ 透明胶带
→ 铅笔
→ 放大镜
→ 透明玻璃杯（或玻璃瓶）
→ 不加糖的可可粉
→ 1支笔刷（或化妆刷）

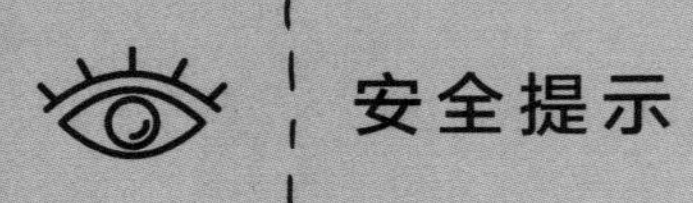

安全提示

— 拓印指纹的时候要格外小心，不要破坏了指纹痕迹。

实验步骤

第 1 步： 在一张白纸上用铅笔把你的左手的轮廓描画下来。如果你是左撇子，可以描画右手。（图 1

第 2 步： 在另一张白纸上，用铅笔使劲涂抹，覆盖纸上一小片区域。用左手小指在铅笔涂出的区域上摩擦，直至小指变成灰色。小心地把沾满笔铅的小指按在透明胶带有黏性的一面，抬起手指离开胶带，小指指纹在胶带上清晰可见。（图 2）

第 3 步： 黏性面朝下，将胶带贴在刚刚描画下来的手掌轮廓的小指部位。

第 4 步： 左手每一个手指都重复刚才的动作，这样手掌轮廓上就有了 5 个手指的指纹。（图 3）

图1：用铅笔把手掌轮廓描画下来。

图2：把沾有笔铅的指纹拓到干净的透明胶带上去。

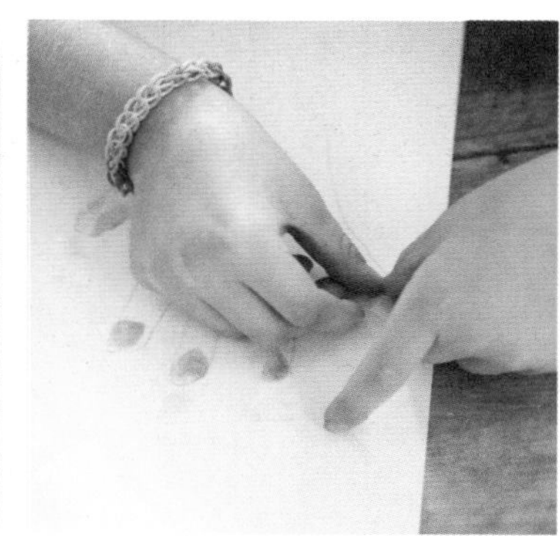

图3：在描画出的手掌轮廓上贴上相对应的指纹。

图4：观察你的指纹。

第5步： 用裸眼或在放大镜下观察取得的指纹。（图4）

第6步： 两手相互摩擦，让皮肤上的油脂均匀分布，然后在一个透明玻璃杯上印上几枚指纹。

第7步： 用笔刷轻轻地把可可粉刷到玻璃杯壁的一枚指纹上。

第8步： 吹掉多余的可可粉，把指纹拓到一块透明胶带上。

第9步： 再把胶带上的指纹贴在一张白纸上，试着将其与自己的手指进行比对。能看出那个指纹取自哪个手指吗？

科学揭秘

皮肤的最外层叫表皮，指纹是表皮褶皱在手指上的呈现。这些褶皱帮助我们感知物体，更好地抓握。尽管家族成员间的指纹形态相似，但没有两个人的指纹是完全一样的。指纹有螺旋形、圈形、拱形等不同形态，还会留下汗渍、油渍、墨渍等其他痕迹。指纹是罪案现场调查的重要内容，对指纹的科学研究被称作指纹学。

奇思妙想

为家庭成员做一个指纹档案，对照餐桌玻璃杯上留下的指纹，你能辨认出谁用的是哪个杯子吗？

如果尝试用玉米淀粉来拓印指纹，再用胶带提取指纹后贴在黑色的纸上，比起用铅笔芯、石墨来拓印指纹，会有什么不一样吗？

单元 5

流动的奇迹
——令人惊讶的液体

当你想到地球上广阔的海洋、丰富的湖泊和河流时，你会觉得仿佛地球上到处都是液体。如果足够幸运，住在一个卫生系统良好的地方，你只需打开水龙头，干净的水就会流出来。

然而，由于水等液体只能存在于一定的温度和压强下，它们在宇宙中其实是很罕见的。实际上，宇宙里的大部分物体都是由气体和等离子体等固体物质组成的，那里很少甚至没有液体。

液体是流体的一种，这意味着它们可以流动并根据你用来装它们的容器的形状而改变自己的形态。在某些地方，它们以固体或者气体的形态存在，并且包含了许多不同类型的分子。液体中的原子由被称为内聚力的特殊的分子胶粘连在一起，内聚力和其他力量的相互作用反映在液体上，使它们呈现出许多有趣的行为。在这个单元里，你将会接触一些拥有不同寻常特性的液体。

实验 17

炫彩牛奶

看到牛奶的表面张力是如何在这个五颜六色的实验中起作用时，你会大吃一惊的！

实验材料

→ 较浅的碟子（或盘子）
→ 小茶杯（或小碗）
→ 牛奶
→ 洗洁剂（或洗碗液、洗手液）
→ 棉花棒
→ 食用色素（液体）

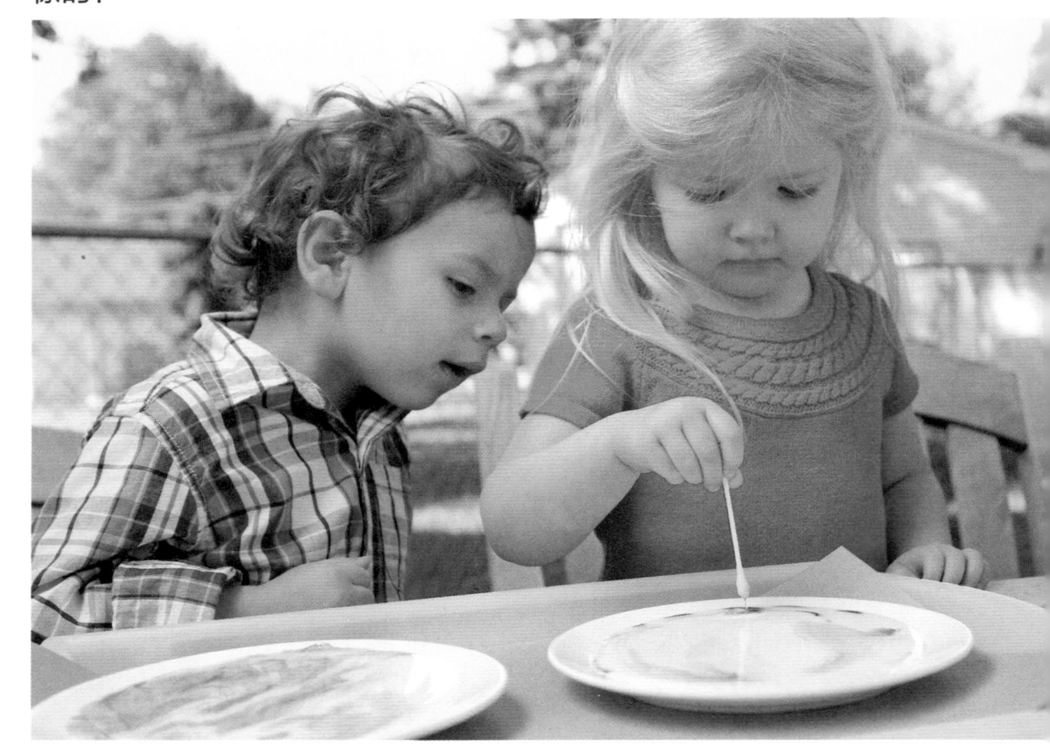

图4：反复用棉花棒触碰牛奶，在牛奶表面制造出五颜六色的图案。

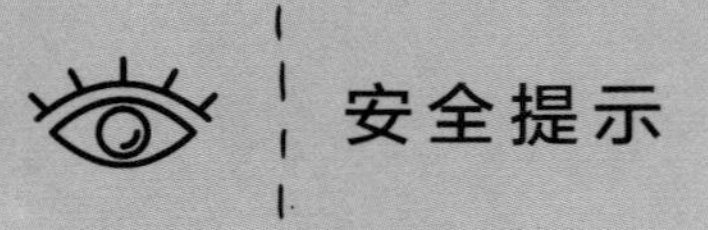

安全提示

— 由于食用色素会弄脏衣服，实验时可以穿上旧衣服。

实验步骤

第 1 步： 往碟子里倒牛奶，盖住碟子底部。牛奶层越薄，实验效果越好。（图 1）

第 2 步： 将 1 勺（15 毫升）的水和 1 勺（5 毫升）的洗碗液（或洗手液）倒进小茶杯（或小碗）中混合。洗洁剂类型不同，实验效果可能也不同。

图1：将牛奶倒入碟中。

图2：在牛奶中加入几滴食用色素。

图3：用蘸过洗洁剂溶液的棉花棒触碰碟中的牛奶。

第 3 步：往碟中的牛奶加入几滴不同颜色的食用色素，色素滴落的位置间隔开，这样就可以清楚看到牛奶的表面张力被破坏时发生的现象。（图 2）

第 4 步：用棉花棒蘸一下洗洁剂和水的混合物，然后将浸湿的棉花棒触碰碟子里的牛奶，切记不要搅拌。你会看到由于洗洁剂破坏了牛奶的表面张力，食用色素仿佛变魔术一般回旋打转。（图 3）

第 5 步：再次将棉花棒放到洗洁剂溶液里浸湿，再一次触碰碟子里的牛奶。有时需将棉花棒碰到碟子底部，坚持几秒后就会起作用。（图 4）

科学揭秘

可以将液体表面想象成被拉伸的弹力层，就像充满气的气球表面一样。液体表面凝聚在一起的方式，科学上称之为表面张力。

当液体表面被洗洁剂破坏时，食用色素和牛奶会开始移动，并以一种有趣的方式在牛奶表面打转。

奇思妙想

牛奶的脂肪含量对表面张力会有怎样的影响？全脂牛奶的实验效果会比脱脂牛奶更好吗？

如果改变碟子中牛奶的深度，会出现什么情况？

洗洁剂溶液的浓度对实验会有影响吗？如果牛奶中倒入的是一滴未经稀释的洗碗液，会发生什么情况？

实验 18

小纸鱼游起来

实验材料

→ 长方形的大盘子（或四周有边的烤盘）
→ 较厚的图画纸（或卡纸、薄纸板、手工泡沫纸）
→ 剪刀
→ 洗洁剂

用一滴洗洁剂和表面张力让小纸鱼“游起来”吧！

图5：在小纸鱼的尾部滴上一滴洗碗液。

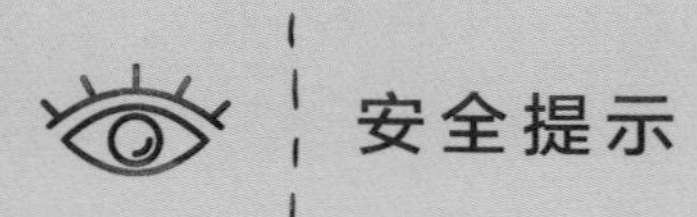

安全提示

— 避免孩子在无成年人看管的情况下靠近水槽。

实验步骤

第1步：在纸（或纸板、泡沫纸）上画一些小鱼，大概5厘米长，将它们剪下来。（图1、2）

第2步：在鱼尾末端剪出一个小叉口。

第3步：往盘子（或烤盘）里加水直至大约几厘米深。（图3）

第4步：将一两条小纸鱼放入盘子一侧的水中，鱼头朝前。随即在鱼尾部的叉口处倒入一滴洗洁剂（图4、5）

第5步：把盘子里的水倒掉，换上新的水，再次重复第4步。

图1：在纸（或纸板、泡沫纸）上画小鱼。

图2：把小鱼剪下。

图3：往长方形的盘子里加一点水。

科学揭秘

水分子喜欢聚合在一起。处于表面的水分子会和周围的水分子紧紧地聚在一起，但不如与其上方的空气分子聚合得那么紧密，这就造成了液体表面张力的现象，在水的上方形成了某种液体的“表层”。

生活中也可以观察到这种表面张力的现象，例如将水滴在硬币上，或将缝衣针浮于一碗水的表面。

往水中加入洗洁剂时，会减弱液体表面水分子之间的结合，打破表面张力。在这个实验中，滴入鱼尾叉口处的洗洁剂破坏了那一小块区域的表面张力，在其他没有洗洁剂影响的清水表面张力的作用下，小纸鱼就向前移动了起来。

最后，洗洁剂会在整个水中散开，效用减弱。这时就要倒掉原来的水，加入新的清水，再次重复实验才能让小纸鱼再次移动。

图4：将小纸鱼放入水中，鱼头向前，鱼尾靠近盘子的边。

奇思妙想

试着用手去操控水里这条游起来的小纸鱼。用什么材料做的鱼效果最好？用金属片或树叶的话，效果会如何？

还可以使用其他什么材料来打破液体的表面张力？

实验 19

水彩笔的颜色密码

实验材料

→ 白色的咖啡滤纸（或纸巾）
→ 水彩笔
→ 透明玻璃杯
→ 水

将藏在水彩笔墨水里的多彩染色剂分离出来吧！

图3：水沿着滤纸向上漫延，等待水将颜色分离出来。

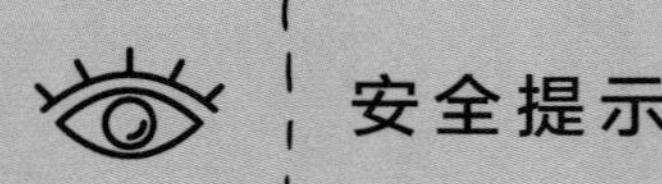

安全提示

— 水彩笔有不同类型，有些水彩笔的实验效果可能更好。黑色、棕色和灰色水彩笔的实验效果比较明显。

实验步骤

第 1 步：将白色的咖啡滤纸（或纸巾）剪成 6 毫米宽的长条。

第 2 步：在长纸条的一端用水彩笔画一个宽 1.5 厘米的粗点或粗线，在不同的长纸条上用不同颜色的水彩笔重复这一步。务必用到黑色、棕色和绿色的水彩笔。然后静观其变，接下来会发生很好玩的事情。（图 1）

第 3 步：往玻璃杯中加点水。

图1：在每张长纸条的一端画上不同颜色的粗点或线。

图2：将带有水彩笔所画线或点的长纸条一端刚好置于玻璃杯内的水面之上。

图4：分离出颜色的长纸条可用于其他艺术活动，或用胶带贴进实验日志中。

第 4 步： 将长纸条置于玻璃杯中，并让有彩点或彩线的那一端刚好触碰到水面。水漫到纸上时，纸会粘到玻璃杯的一侧上。也可以将长纸条挂靠在杯口上。（图 2）

第 5 步： 等待水将彩点里的颜色分离出来后，将长纸条晾干再用胶带贴进实验日志里，或用于其他艺术活动。（图 3、4）

第 6 步： 特别小的孩子可以在纸巾或没用过的咖啡滤纸上用水彩笔画粗点，然后用滴管或吸管将水滴到所画的点上，让彩点里的颜色以圆圈的形式分离出来。

科学揭秘

用水将纸上彩点的颜色分离出来是一种液态的色层分析法。

当你将长纸条的一端浸入水中，水分子会沿着纸条向上漫，把纸条上端的干燥部分浸湿。水漫延至彩点时，会溶解掉彩点中的部分颜料，这些颜料随水分子一起向上浸湿纸条。有些颜料的分子小，较之大的分子上漫速度更快，因而会看到从彩点中跑出不同的颜色，并且彼此分离。你看到的这些颜色就是构成这支水彩笔墨水颜料的化学物质。

奇思妙想

试一试用白醋或洗洁剂代替水浸染纸条，纸条上用水彩笔画出的痕迹沿着纸条上漫，实验效果看上去会和用水浸染的效果一样吗？

实验 20

把彩虹装进杯子

实验材料

→ 约2杯（480毫升）热水
→ 量杯和量勺
→ 广口瓶（或水杯）
→ 20勺（$1\frac{1}{4}$杯，260克）白砂糖
→ 食用色素
→ 又高又薄的玻璃杯（如高脚酒杯或试管）
→ 眼药水滴管（或虹吸灯泡、吸管、勺子）

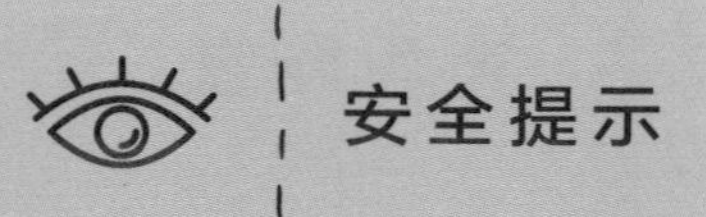

安全提示

— 实验时当心热水。
— 需要慢慢地、小心地将一层层液体倒入杯中，否则会混在一起，彩虹的层次就被打乱了。

把一杯糖水变成彩虹，亲眼见证什么是密度梯度吧！

图5：杯子里出现了一道漂亮的彩虹。

实验步骤

第 1 步： 量出$\frac{1}{2}$杯（120 毫升）热水，分别倒入 4 个广口瓶（或水杯）中。然后在杯子上贴上标签——“2 勺 / 红色”，“4 勺 / 黄色”，“6 勺 / 绿色”，“8 勺 / 蓝色”。（图 1）

第 2 步： 根据标签上的指示，在每个水杯中加入两滴相应的食用色素。（图 2）

第 3 步： 在第一杯热水中加 2 勺（26 克）糖。

第 4 步： 在第二杯热水中加 4 勺（52 克）糖。

第 5 步： 在第三杯热水中加 6 勺（78 克）糖。（图 3）

第 6 步： 在第四杯热水中加 8 勺（104 克）糖。通过不断加糖溶解，增加糖水溶液的密度。

第 7 步： 搅拌每个水杯中的液体，直至糖充分溶解。如果杯中还有糖没有溶解，可以由成年人将杯子放入微波炉中加热 30 秒，然后再次搅拌。务必当心烫伤。如果杯中还有糖没有溶解，可以再加入 1 勺（15 毫升）温水。

图1：将热水量好倒入水杯中并贴上标签。

图2：根据标签加入相应颜色的食用色素。

图3：在每个水杯中加入相应数量的糖。

图4：根据步骤指示，小心地将不同颜色的糖水注入细长玻璃杯中。

第8步：将高度约2.5厘米的最浓的糖水溶液（呈现蓝色）倒入又高又薄的玻璃杯或试管的底部。

第9步：用滴管（或吸管）将浓度第二的溶液（呈现绿色）轻轻地滴在蓝色液体层的上面，沿杯壁滴在液体表层时效果最好。也可以把勺子背面抵在杯壁上，将溶液滴在上面往下滑入杯中。

第10步：用同样方式加入黄色液体层。（图4）

第11步：每半杯（120毫升）水中仅含2勺（26克）糖的红色液体层最稀薄，加入玻璃杯中后就完成了彩虹的造型。（图5）

科学揭秘

密度即质量（物质所含的原子数量）和体积（物体所占的空间）的比值，即某种物质单位体积的质量。糖分子由许许多多聚合在一起的原子构成。往$\frac{1}{2}$杯（120毫升）水中加入的糖越多，水中所含的原子数量就越多，溶液的密度也就越大。密度较低的液体会位于较浓液体的上层，这就解释了为何仅含2勺（26克）糖的水溶液会浮在含有更多糖分子的液体层的上方。

科学家有时会用密度梯度的方法来隔离细胞的不同部分：将细胞打散置于试管中的密度梯度之上，然后以离心方式将试管快速旋转。不同形状及分子重量的细胞碎片会以不同速度在梯度层中移动，研究者就可以将他们感兴趣的细胞部分分离出来。

奇思妙想

你能做出含有更多层次的彩虹吗？

这些彩虹层能保持多久不混在一起呢？

实验 21

不怕火的气球

实验材料

→ 气球
→ 水
→ 打火器（或长柄火柴）

安全提示

— 点火需由成年人来操作。
— 为了安全，最好在室外或水槽上方做这个实验。

试着在装水的气球上烧个洞吧！

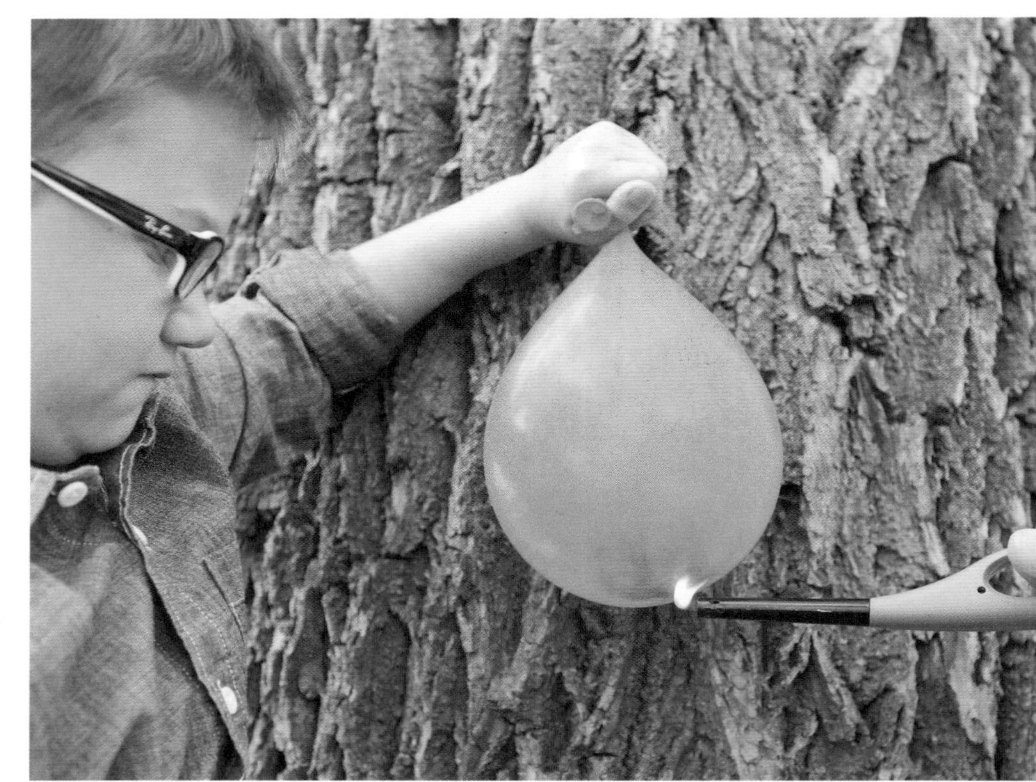

图2：试着用火烧破气球。

实验步骤

第 1 步： 在气球里装上水，再把口系紧。（图 1）

第 2 步： 将打火器点着火后靠近气球底部。（图 2）

图1：在气球内装满水。

图3：换种方式试着打破气球。

第 3 步： 看看需要多少时间才能烧穿气球的表面，或者气球到底能否烧穿。

第 4 步：（此步骤可选）用装水的气球举行一场水球大战吧！（图 3）

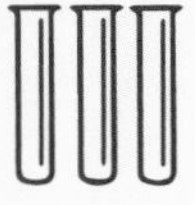

科学揭秘

除了解渴，水还有很多其他用途。事实上，我们身体的 60% ~ 79% 的成分是水，身体内的水可以稳定我们的体温。

科学家将比热容定义为物质每升高 1℃所需要的热量。水的比热容要高于其他的常见物质，因此水可以在温度几乎不变的情况下吸收并释放大量的热量。

由于水的比热容比较高，气球中的水得以从火焰中吸收热量，因而气球表面不会被火烧破。如果把气球想象成一个活细胞，外界温度变化时细胞内的液体可以使细胞安然无恙。

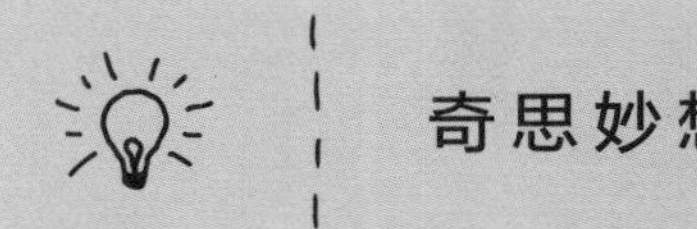

奇思妙想

如果用冰做这个实验会怎样呢？

如果用盐水装满气球会怎样呢？

实验 22

钓冰块鱼

实验材料

→ 冰块
→ 装有水的玻璃杯
→ 厨房用的棉线（或纱线）
→ 剪刀
→ 盐

图1：剪一段厨房用的棉线。

仅用一根棉线和盐就能将冰块从玻璃杯中提起，你相信吗？

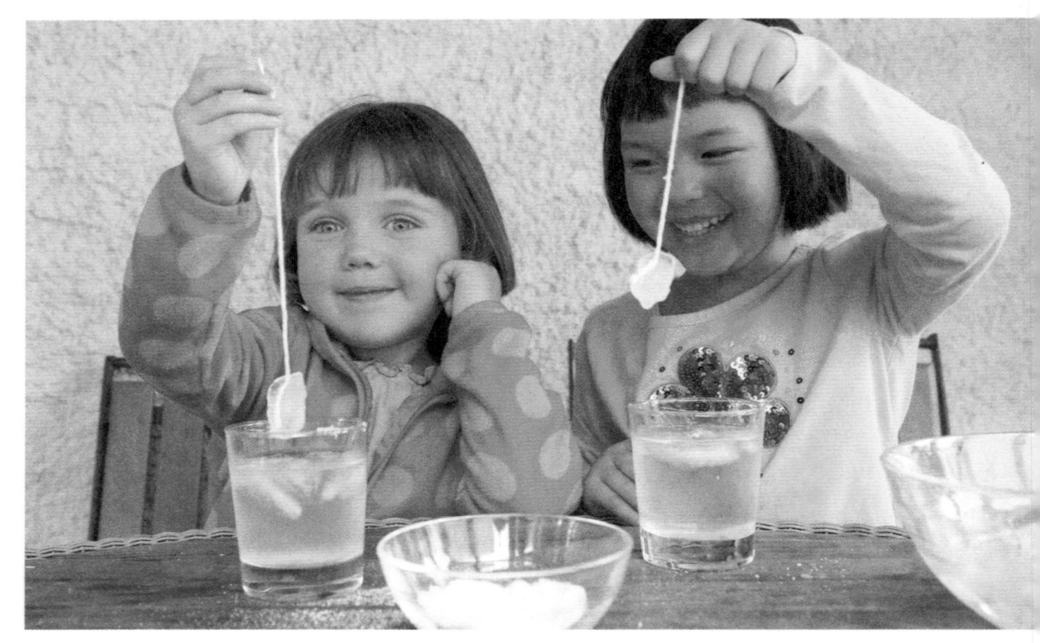

实验步骤

第 1 步： 剪一段约 15 厘米长的厨房用的棉线，往装了水的玻璃杯中丢几块冰块。（图 1、2）

第 2 步： 将棉线置于冰块上方，拉拉看是否能将冰块提起。提示：无需用力尝试，因为根本不可能实现。

第 3 步： 将棉线蘸水，弄湿后横向置于冰块上，并撒上大量的盐将棉线与冰块盖住。（图 3）

第 4 步： 等上 1 ~ 2 分钟，再试着提棉线，这次棉线吊起了冰块。

图2：往装了水的玻璃杯中丢几块冰块。

图3：往冰块上方的湿棉线上撒一大撮或两撮盐。

科学揭秘

正常情况下，0℃时冰会融化，水会结冰，然而加入盐后会降低冰融化和水结冰的温度点。

在这个实验中，撒入的盐使得棉线周围的冰开始融化，从周围的水中吸取热量。随后，棉线周围的冷水再次结冰，将棉线和冰块固定在一起，因此最终用棉线就可以将冰块从水杯中提起。

不同的化学物质可以改变水结冰的温度点。-9℃时盐可以使冰融化，而在 -18℃时，盐就不起作用了。有些放置在路上用于融冰的化学物质在低至 -29℃温度时仍能起作用。

奇思妙想

在这个实验里，用糖替代盐的话，会有效果吗？还可以用什么材料替代实验中用的盐？

单元 6

制造怪东西

——聚合物、胶体和特性异常的材料

有很多有趣的韧性材料在厨房里就可以制造出来并摆弄玩耍，这个单元将向你展示如何从这类特殊的材料中获得乐趣。

在这个单元里，你会经常用到塑料袋，会用牛奶、洗衣粉、胶水自制出黏合剂和多种橡皮泥；会用凝胶，比如明胶，做出晃悠悠的、看起来很美味的果冻，这是一种被称作胶体的特殊溶液，可以用于学习物质扩散现象。

往玉米淀粉里加入一点水，也会变得非常有趣，当你使劲摇晃它时，这种疯狂的非牛顿流体，也被称为剪切增稠流体，会变得更厚或更黏。非牛顿流体的另一个极端例子是剪切稀化流体，晃动它的时候，它会变薄，你可以在用洗洁剂做喷泉的时候观察到这个神奇的现象。

发挥你的想象力，想想在这些实验中制造出的材料还可以有哪些其他用途。

实验 23

不怕破的魔术袋

实验材料

→ 可封口的塑料袋（较厚的冰箱冷藏袋效果最好）

→ 水

→ 食用色素

→ 尖利的木棍（或竹签）

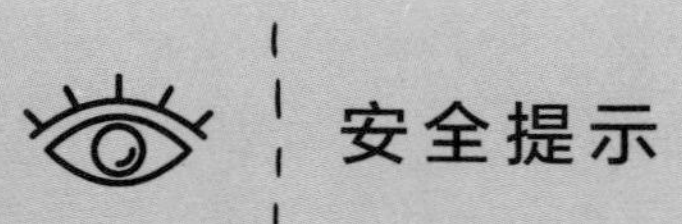

安全提示

— 实验中当心竹签、木棍的尖端。孩子在操作这些材料时应该有成年人在一旁照看。

— 这个实验适合在室外、水槽上方或容器的上方进行。

用一根尖利的木棍刺穿水袋的话，水袋会漏水吗？好好想想吧！

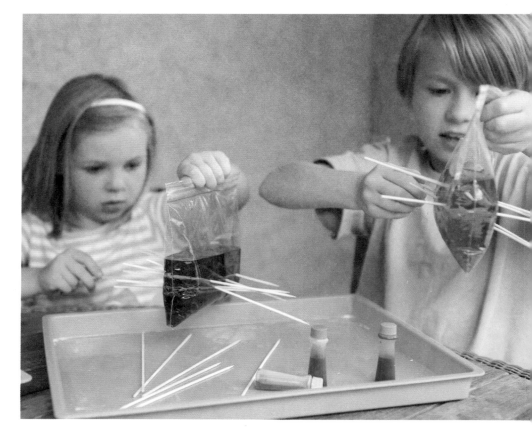

图2：将尖利木棍从袋子的一侧插入，穿过液体，从另一侧穿出。

实验步骤

第 1 步：将塑料袋装满水。

第 2 步：往袋中加入一两滴食用色素，然后将口封紧。（图 1）

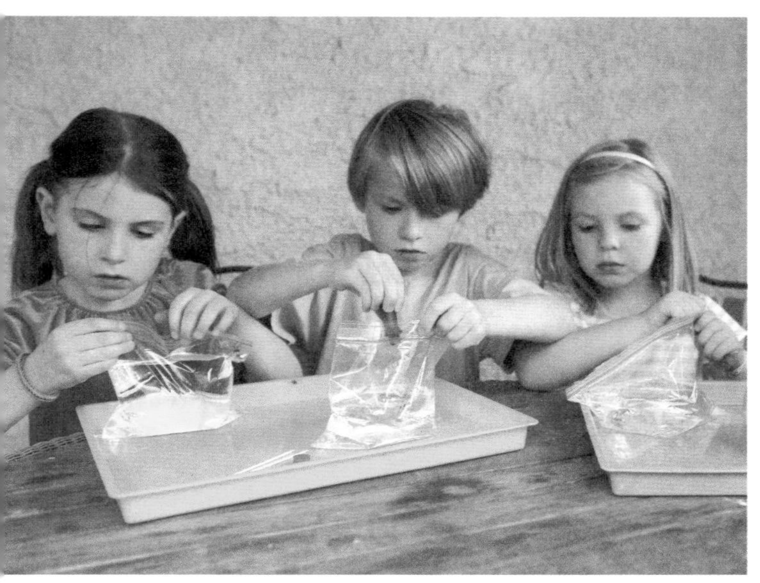
图1：将食用色素加入塑料袋中并封紧袋口。

图3：在袋子漏水前，你能插入几根木棍？

第 3 步： 慢慢地将木棍（或竹签）从袋子的一侧戳进，穿过袋子中的液体，从另一侧穿出。不要从袋子上方含有空气的那部分穿过。（图 2）

第 4 步： 看看在袋子漏水前能够插入几根木棍或竹签。（图 3）

科学揭秘

塑料是一种高分子聚合物，由细长的、有弹性的分子构成。木棍或竹签戳入塑料袋时，这些分子就在刺穿点的周围形成密封状态。这种高分子聚合物的密封状态使得袋子不会过量漏水。

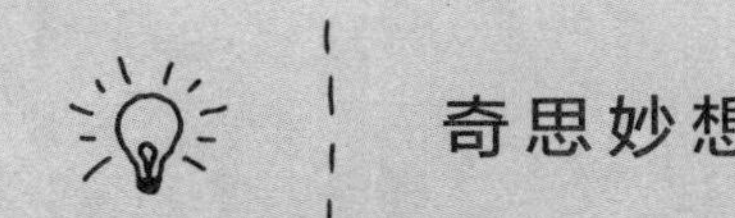

奇思妙想

塑料袋里装入其他液体的话，这个实验还有效果吗？

如果塑料袋里装的是热水或冷水的话，会怎样呢？

如果将木棍或竹签从袋子上方含有空气的那部分穿过的话，会怎样呢？

实验 24 疯狂的史莱姆黏土

实验材料

- → 碗
- → 白胶
- → 水
- → 量杯和量勺
- → 广口瓶（或碗）
- → 勺子
- → 绿色的食用色素
- → 1杯（235毫升）温水
- → 1勺（20克）含硼砂的洗衣粉

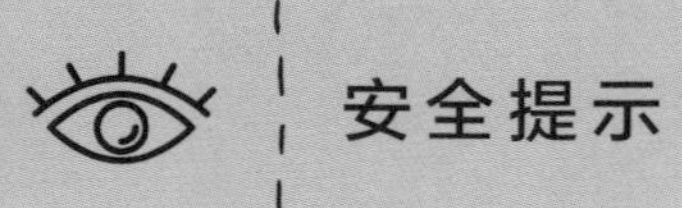

安全提示

— 孩子做这个实验时要有成年人在一旁照看，因为交联溶液和黏性物里都含有洗衣粉。

— 如果几个孩子一起做实验，可以把胶水溶液分成几个小杯再给到每个孩子。（图3）并提醒他们在操作时一次只加一勺洗衣粉溶液。

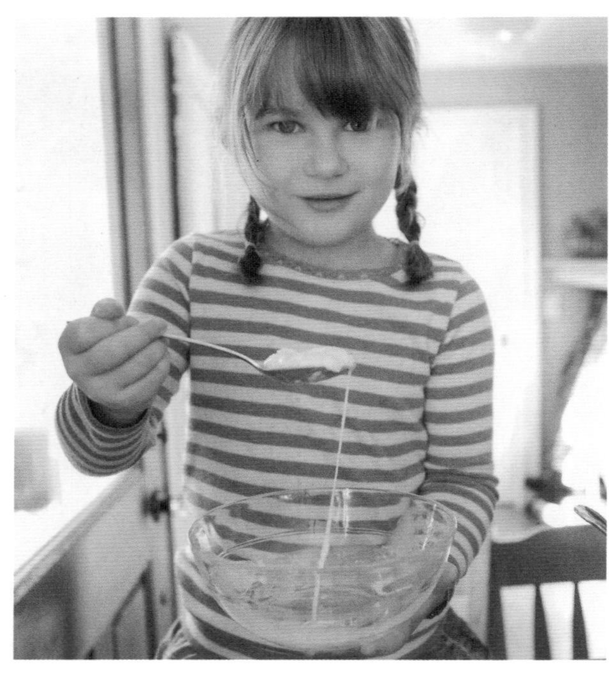

用胶水和洗衣粉合成黏滑的橡胶聚合物吧！

图5：把黏泥从碗中拉出来。

实验步骤

第 1 步： 往碗中加入等量的胶水和水，混合在一起。比如，可以将 $\frac{1}{3}$ 杯（80 毫升）胶水和 $\frac{1}{3}$ 杯（80 毫升）水混合在一起，搅拌。

第 2 步： 加入几滴绿色的食用色素，再次搅拌，获得绿色的胶水溶液。（图 1）

第 3 步： 将温水倒入广口瓶（或碗）中，往水中加入 1 勺（20 克）含硼砂的洗衣粉。摇晃或搅拌，让其溶解尽可能多的洗衣粉。（图 2）

第 4 步： 往胶水溶液中加入 1 勺（5 毫升） 洗衣粉溶液，搅拌，再重复加入，直至出现能拉得长长的黏性物。不断加入洗衣粉溶液，直至混合物不再有黏性，变成闪亮的有橡胶质感的史莱姆黏泥。（图 3）

注意事项： 如果加入过量的洗衣粉溶液，获得的黏泥会很湿，不过可以用手反复压扁它以吸收掉额外的溶液。

图1：将食用色素和被水稀释过的胶水混合在一起。

图2：往水中加入含硼砂的洗衣粉，搅拌混合。给每个想制作黏泥的孩子一杯胶水溶液。

图3：往胶水溶液中加入洗衣粉溶液，一次一勺，直到胶水溶液不再有黏性。

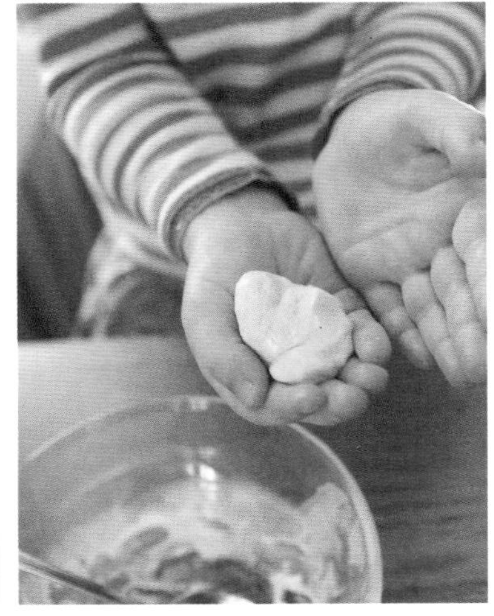

图4：将黏泥搓成球状或长条状。

第5步：把史莱姆黏泥从碗中取出，搓成长条或圆球。（图4、图5）

第6步：实验后可以将黏泥储存在塑料袋中。如果要一次性做很大量的黏泥，先混合等量的胶水和水，再加入所需的等量硼砂溶液。

科学揭秘

分子是一种具体化学物质能够单独存在的最小量，比如 H_2O，就是一个单个的水分子。胶水是一种聚合物，是一长串联接在一起的分子，可以将之想象成一个化学链。在这个实验中，由水和胶水构成的聚合物称之为聚醋酸乙烯酯。

硼砂溶液被称为交联物质，可以使胶水聚合链彼此粘连。越来越多的聚合链粘在一起，不能四处移动，黏性物越来越厚。最终，所有的聚合链束在一起，无法再吸收更多的交联物质。

奇思妙想

如果不用水稀释胶水，实验结果会怎样呢？

如果胶水和水以超出1:1的比例混合，会发生什么呢？

实验 25

牛奶胶和牛奶塑料

实验材料

用于牛奶胶：

→ 1杯（235毫升）牛奶

→ 2个碗

→ $\frac{1}{3}$杯（80毫升）白醋

→ 滤网（或咖啡滤纸）

→ $\frac{1}{8}$勺（0.6克）小苏打

→ 水（可选）

用于牛奶塑料：

→ 4杯（946毫升）牛奶

→ 中等大小的锅

→ $\frac{1}{4}$杯（60毫升）白醋

→ 耐热勺

→ 滤网

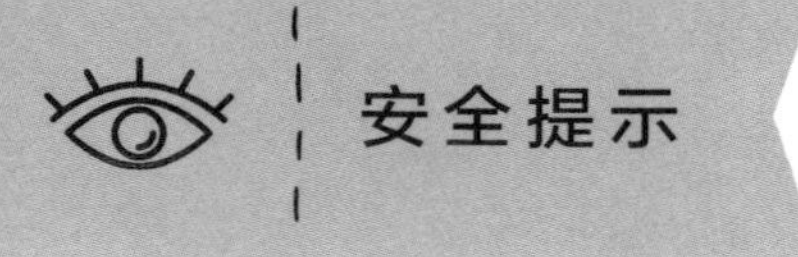

安全提示

— 加热牛奶需要由成年人操作或在一旁照看。

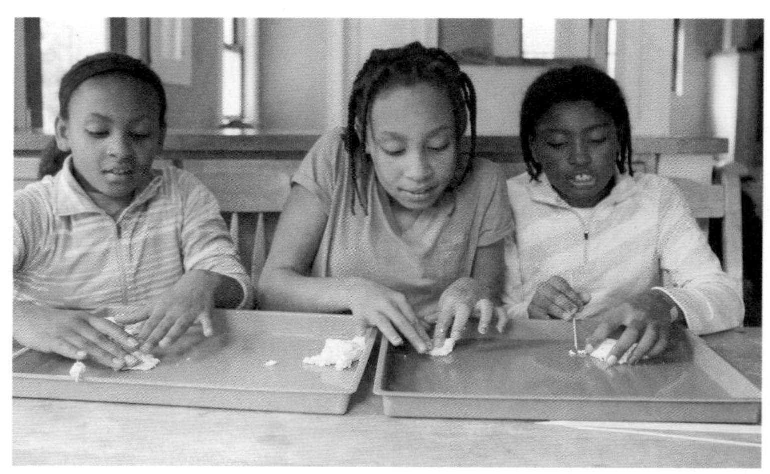

牛奶的用处可大着呢，试着用醋将牛奶变成塑料或胶吧！

图7：将牛奶塑料塑形后晾干。

实验步骤（牛奶胶）

第1步： 把牛奶倒入碗中。将白醋加入牛奶中，搅拌。（图1）

第2步： 用滤网（或咖啡滤纸）从液体中滤出称为“凝乳”的白色、黏稠的一团物质。用力挤掉多余的液体。把凝乳放入干净的碗中。（图2）

第3步： 往凝乳中加入小苏打，混合均匀。小苏打和醋发生反应时，会看到气泡。如果得到的牛奶胶过稠，可以往里加点水。用自制的牛奶胶做个艺术品。（图3）

第4步： 把没用过的牛奶胶放到冰箱里，最多可以储存两天。

图1：往牛奶中加入白醋。

图2：滤出液体，留下凝乳。

图3：将牛奶胶用于艺术活动。

图4：加热牛奶，但不要煮沸。

图5：往牛奶中加入白醋，搅拌。

图6：滤出凝乳，使之冷却。

实验步骤（牛奶塑料）

第1步： 把牛奶倒入锅里，用中火煮至很热但不要沸腾。(图4)

第2步： 将白醋加入热牛奶中，搅拌。分离出凝乳——一大团白色的块状物。（图5）

第3步： 用滤网或咖啡滤纸将乳清从凝乳中滤去，让凝乳冷却。用力挤出多余的液体，把凝乳放入干净的碗中。（图6）

第4步： 再次挤出剩余液体，揉捏凝乳直至光滑。

第5步： 用模具将凝乳制成不同的形状，如各种动物，或者做成珠子用牙签串起来。（图7）牛奶塑料干了后，可以在上面涂色。

科学揭秘

牛奶中含有一种叫干酪素的蛋白质，是一种聚合物，由一串分子构成。这些分子可以弯曲、移动，直至塑化变硬。

干酪素不能与酸性物质混合，而醋是酸性的，能够分离牛奶，使牛奶中的脂肪、矿物质及酪蛋白结块，形成凝乳。生活中常用的白胶就是由牛奶凝乳中的酪蛋白制成的，奶酪也是由牛奶凝乳制成的。

奇思妙想

可以用其他的酸性物质，如柠檬汁做同样的实验吗？往牛奶胶中再加些小苏打的话，会怎样呢？

实验 26

果冻上的颜色扩散

实验材料

- → 4杯（946毫升）水
- → 中等大小的锅
- → 4片（每片28克）普通的无味明胶（可以在杂货店买到）
- → 耐热勺
- → 食用色素
- → 透明的耐热塑料盘（或培养皿）
- → 吸管
- → 牙签

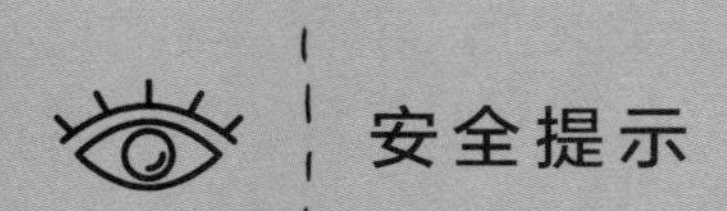

安全提示

— 烧水以及倾倒明胶液体的操作，需要由成年人完成。

制作五颜六色的色素圈，一起增加对扩散的理解吧！

图4：每隔一个小时左右量一下斑点大小，看看食用色素通过明胶的移动速度有多快。

实验步骤

第 1 步： 将锅中的水加热。把明胶加入沸水中。此时明胶仍是无色的，搅拌至完全溶解，等待冷却。

第 2 步： 将明胶液体倒入耐热塑料盘或培养皿中，液体高度约为 1.3 厘米，等待液体凝固。（图 1

第 3 步： 用吸管在凝固的明胶液体上戳 3 ～ 5 个约 6 毫米深的洞。尽量不要用吸管把明胶戳穿，把堵住吸管的明胶拿掉。（图 2）

第 4 步： 往盘中的每个明胶洞眼里加入一滴不同颜色的食用色素。多用几个盘子来重复这一步。（图 3

第 5 步： 把 1~2 个盘子置于冰箱中，其余盘子留在室温下。

第 6 步： 当食用色素从洞眼向周边扩散时，时不时量一下出现的色素圈的大小。看看色素每小时扩散了几厘米，温度是否又会对扩散产生影响。（图 4、5）

图1：往几个耐热的盘子里倒入明胶液体，直至盘中液体约有1.3厘米高。

图2：用吸管在凝固的明胶液体上戳洞。

图3：往每个洞里滴入食用色素。

图5：观察食用色素在室温环境中还是冰箱里扩散得更快。

科学揭秘

明胶作为一种水溶胶，是非常特殊的物质，有无数小颗粒悬浮在液体中。明胶类似于琼脂，因其不支持液体中的对流运动，非常适用于扩散实验。

扩散即分子由含有很多相似分子的高密度区向含有较少相似分子的低密度区移动的现象。分子在空间内均匀散开时，达到平衡。想象一下，盒子的一半装满黄色球，另一半装满蓝色球，如果将盒子置于震动的物体之上，球会任意向四周移动，直到蓝黄两色的球均匀地混在一起。

很多因素，包括温度，都可以影响分子扩散的速度。分子被加热时，震动和四下移动的速度更快，会比气温低时更快地达到平衡。

扩散会发生于气体、液体甚至固体中，这是污染物从一地到达另一地的传播方式；细菌则通过细胞膜上的扩散过程吸收存活所需的物质；我们的身体会通过扩散过程来传递氧气、二氧化碳和水。

奇思妙想

同样做这个实验，但这次在盘里倒入 2 杯（475 毫升）紫甘蓝的汁液（参照实验 1）、2 杯（475 毫升）水、4 片（每片 28 克）明胶。观察几滴醋或小苏打混合溶液在明胶上的扩散速度会有多快。紫甘蓝汁液中的色素接触酸时会变成粉色，接触碱时会变成蓝色或绿色。

实验 27 黏黏的玉米淀粉

实验材料

→ 中等大小的碗
→ 勺子（可选）
→ 1杯（147克）玉米淀粉
→ $\frac{1}{2}$杯（120毫升）水
→ 食用色素（制作彩色黏稠物时需要）

安全提示

— 在实验中操作时，当心把食用色素染到手上或衣服上。
— 做彩色黏稠物时，先把食用色素加到水里，然后再和玉米淀粉混合。
— 如果没有食用色素，实验里只用到水，清理起来会更容易。

享受制造非牛顿流体的乐趣吧！

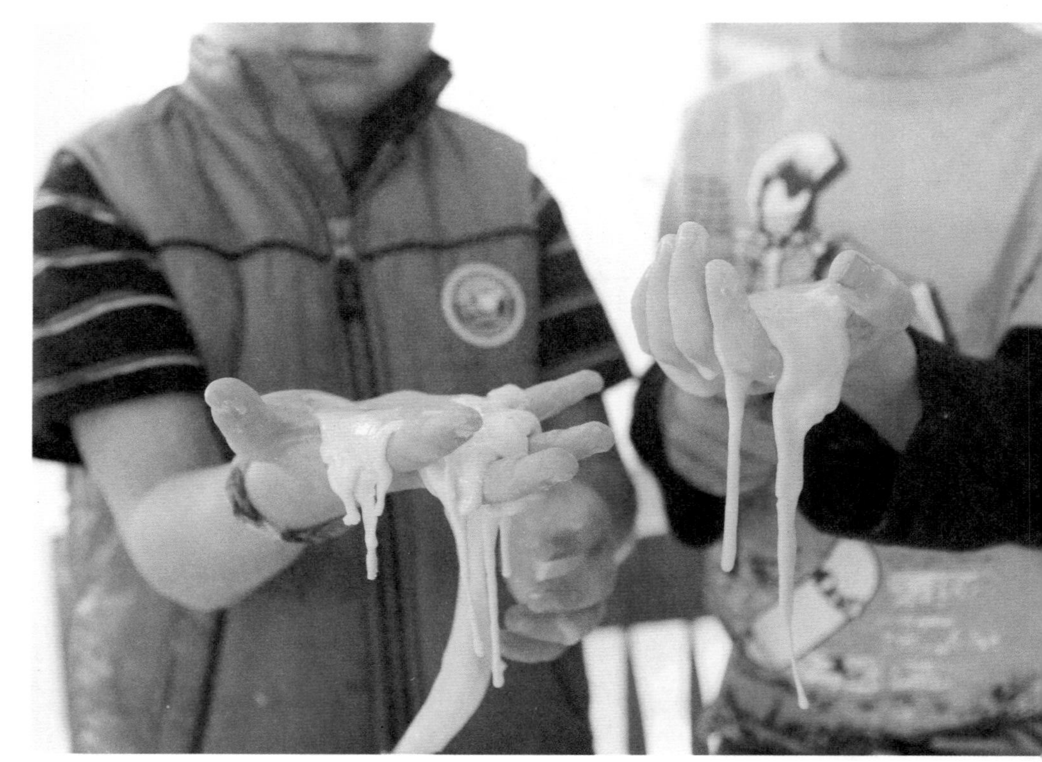

图5：如果黏物静止地拿在手上，会发生什么现象？

实验步骤

第 1 步： 将玉米淀粉倒入碗中，加水后用勺子或手指混合。混合物的最终稠度应该类似于比较厚的糖浆。（图 1、2、3）。

第 2 步： 从碗中取出些黏稠物，把它揉成一个球。（图 4）

第 3 步： 不要揉捏，让黏稠物顺着指尖滴下来。（图 5）

图1：往玉米淀粉中加水。

图2：搅拌玉米淀粉和水，使之混合。

图3：往混合而成的黏稠物里加食用色素。

图4：用手掌将黏稠物揉成球。

第4步：将黏稠物置于托盘或烤盘上，用手拍下去，会发生什么？黏稠物会溅出来吗？

第5步：黏稠物如果太干，就往里加点水。

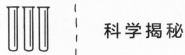

科学揭秘

大多数液体和固体都会按照预期的方式发生作用，即使对它们推、拉、挤压、倾倒或摇晃时，也会保持液体和固体的特性。然而，非牛顿流体却并不遵守这套规则。玉米淀粉黏物就是其中之一，是一种被称为剪切增稠的非牛顿流体。这类物质被施压时，玉米淀粉中的原子会重新分布，使之更像固体。

这就是为何这类黏稠物被置于手掌心或沿手指慢慢滑落时，看起来像液体；而挤压、搅拌或用手去揉时，又感觉更像固体。

也许有一天，这样的流体可以用于制造防弹背心，不但能随着穿着者移动，还能阻挡快速射出的子弹。

奇思妙想

多加点或少加点水，这个实验会有什么变化吗？混合而成的黏稠物还会保留原有的特性吗？你还能想出其他利用非牛顿流体特性的例子吗？

实验 28 迷你小喷泉

实验材料

→ 椅子
→ 胶带
→ 洗洁剂
→ 可封口的塑料袋
→ 大的盘子（或平底锅）
→ 剪刀
→ 直径1毫米的裱花嘴（可选，见［注意事项］）

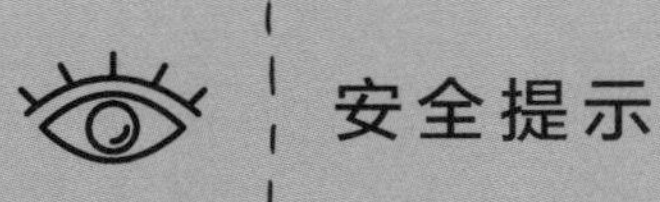

安全提示

— 要像真正的科学家那样，用好几种变量来实验，以求达到最理想的结果。使用哪种洗洁剂、切的洞的大小、塑料袋的高度，这些都要尽量调整完善，才能最终看到洗洁剂成功喷射的效果。

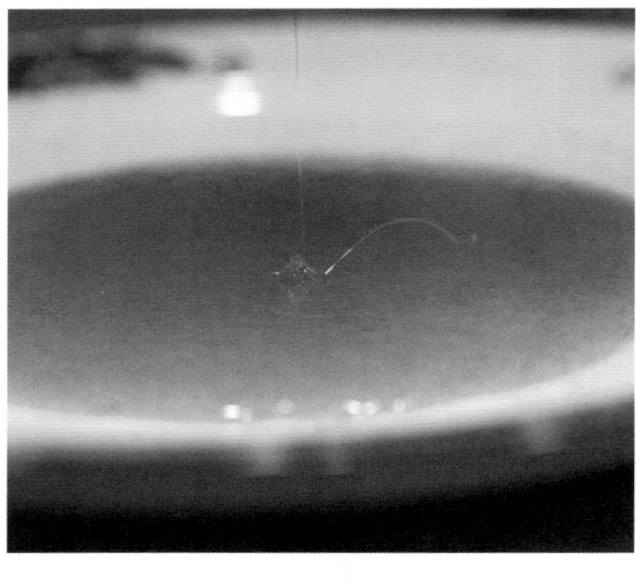

用洗洁剂做出令人叹为观止的迷你喷泉时，可以测试一下你的实验技能。

图5：洗洁剂可能喷射而出，持续1～2秒。

实验步骤

第 1 步： 用洗洁剂将塑料袋装满一半，加入几滴食用色素。（图 1）

第 2 步： 将塑料袋封口，用胶带固定在椅子上，袋子一角对着下方的盘子。将塑料袋置于盘子上方 61 厘米处。（图 2）

第 3 步： 用剪刀将塑料袋最靠近地面的一角剪出一个约 1 毫米的小洞，让洗洁剂流出。也可以将洞口弄大点，但要确保洗洁剂以细细的、稳稳的方式流到下方的盘子里。（图 3）

第 4 步： 看看向下流出的洗洁剂在盘子里堆积的地方是否有喷泉涌起。（图 4）

注意事项：

给我这个实验灵感的物理学家在操作时，在塑料袋上安了一个直径1毫米的裱花嘴，将袋子悬挂于盘子上方约20厘米处。

图1：往塑料袋里加入一些洗洁剂。

图2：将装有洗洁剂的袋子封口，固定在椅子上，袋子的一角指向正下方。

图3：在塑料袋向下的一角上剪出一个很小的洞。

图4：看看向下流出的洗洁剂在盘子里堆积的地方是否有喷泉涌起。

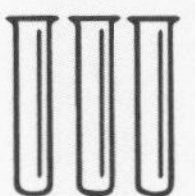

科学揭秘

番茄酱、无滴漏油漆、洗手液、洗发精都是一种被称为剪切增稠的流体，都是神奇的非牛顿流体。这些流体静止时相当稠厚，而流动时则更像液体，因为运动降低了它们的黏性或稠度，使之更加顺滑。这种剪切增稠的程度既和运动速度有关也和运动方向有关。

1963 年，一位名叫阿瑟·凯伊（Arthur kaye）的工程师注意到，他正实验的剪切液体的表面下有一股股液体喷射而出，这种奇怪的现象后来被称为凯伊效应。

奇思妙想

如果将塑料袋下方的盘子以一定角度倾斜放置，会出现什么情况呢?

单元 7

植物大侦探

——酸和碱

在这个单元里，你将会使用植物色素来探索酸性物质。

溶解在水中时，被称为化合物的酸和碱是对立的两极。酸在水中溶解，释放出带正电荷的氢离子（质子），碱可以接受这些质子或输出带负电荷的离子到溶液中。根据溶液里质子的多少，科学家用pH值来确定溶液的酸度或碱度。pH值范围在0～14之间，强酸的pH值为0，强碱的pH值为14。

水具有大约相同数量的质子和氢氧根离子，因此它的pH值呈中性，大约为7，胃酸的pH值大约为1，泡菜的pH值稍微超过3，家用漂白剂的pH值在9和10之间。

许多科学家用植物色素试纸来测试溶液的pH值。色素就是能给物体染上颜色的分子，某些色素就是酸碱指示剂。这意味着当这些色素接触到不同pH值的溶液时，它们会变色。第一个酸碱试纸就是以地衣为原料制成的。在这个单元中，你会用紫甘蓝和咖啡滤纸来制作自己的酸碱试纸。

实验 29 会变色的试纸

实验材料

→ 1颗紫甘蓝
→ 中等大小的锅
→ 水
→ 耐热的汤匙
→ 白色的咖啡滤纸（或纸巾）
→ 剪刀

安全提示

— 由成年人完成把紫甘蓝切碎、加水烹煮的操作。待紫甘蓝的汁液冷却下来，孩子再接手操作。

注意事项：

如果不使用炉灶，可以把半棵紫甘蓝切碎后放入搅拌机，加入3杯水（大约710毫升）一起搅拌。然后用漏锅或漏勺过滤出紫甘蓝的汁液，再用咖啡滤纸把液体挤压出来，装入剪掉了一个角的塑料袋中。

用紫甘蓝和咖啡滤纸来制作很有艺术性的酸碱试纸吧！

图4：试一试把试纸浸入醋、肥皂水、柠檬汁和小苏打溶液中，看看会有什么变化。

实验步骤

第 1 步：把半棵紫甘蓝切碎，放入锅里，加水至刚好覆盖紫甘蓝的高度。（图 1）不盖锅盖，煮大约 15 分钟，不时翻动一下。

第 2 步：待紫甘蓝的汁液冷却下来后，倒入广口瓶或碗里。

第 3 步：把白色的咖啡滤纸（或纸巾）放在紫甘蓝的汁液里浸泡数分钟。（图 2）

图1：把一颗紫甘蓝切碎。

图2：将白色的咖啡滤纸（或纸巾）浸入紫甘蓝的汁液中。

图3：把沾有紫甘蓝汁液的纸条晾干后剪成条状作为酸碱试纸。

第 4 步： 取走咖啡滤纸（或纸巾），放在不会被染色的物体上晾干，也可以烘干它们以加快干燥速度。为了使上面的颜色更浓，可以再次重复浸泡和干燥这两个步骤。然后把晾干的咖啡滤纸（或纸巾）剪成 2 厘米宽的长条。（图 3）

第 5 步： 干燥后就获得了酸碱试纸，可以用于测试液体的酸碱度。试着把试纸放入肥皂水、柠檬汁、小苏打溶液、面粉水、白醋和其他任何你想测试的溶液里。在酸性溶液中，试纸会变成粉红色；在碱性溶液中，试纸会变成蓝色或绿色。（图 4、5）

图5：试纸在酸性溶液中会变成粉红色，在碱性溶液中会变成蓝色或绿色。

科学揭秘

正如本单元前言介绍的，酸分子溶于水后分解，释放出自由移动的氢离子，也被称为质子。碱在水中溶解时，也会分解，但会形成离子，与酸发生反应，接受酸释放出来的氢离子。

紫甘蓝的汁液中能染色的分子被称为色素，紫甘蓝中的色素是特殊的分子，被称为酸碱指示剂，根据接触到的物质的酸碱度，它们会以不同的方式吸收光线，改变颜色。这就是当用紫甘蓝汁液制作的试纸接触酸性物质时会变成红色或粉红色，而接触碱性物质时，会变成蓝色或绿色的原因。

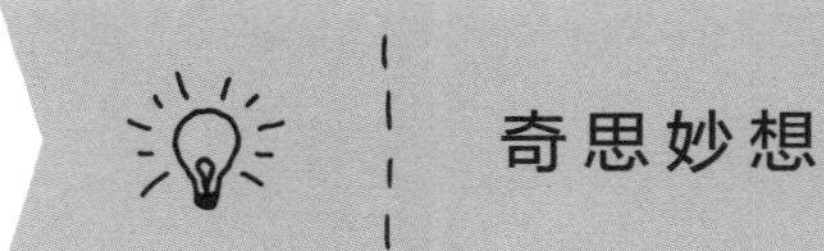

奇思妙想

可以把剩余的紫甘蓝汁液用到其他实验中去，比如说实验 1、实验 26 或实验 30。

实验 30 海洋会变酸吗？

实验材料

- → 1颗紫甘蓝
- → 小刀
- → 中等大小的锅
- → 水
- → 碳酸水
- → 耐热勺
- → 放了咖啡滤纸的过滤器（可选，见［注意事项］）
- → 透明的小杯子（或试管）
- → 吸管（可选）

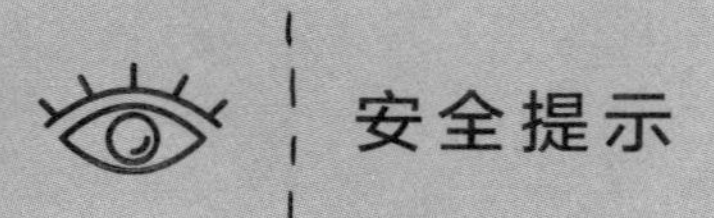

安全提示

— 紫甘蓝的汁液本身是无毒的，但是实验中需要由成年人帮助孩子完成切碎和烹煮的过程。待紫甘蓝的汁液冷却下来后，孩子再接手操作。

用紫甘蓝汁液、碳酸水和你的呼吸来见证二氧化碳酸化的过程吧！

图3：二氧化碳会酸化紫甘蓝汁液，让它变成粉红色。

实验步骤

第 1 步： 将半颗紫甘蓝切碎，放到锅里，加水至刚好覆盖紫甘蓝。不盖锅盖，煮约 15 分钟，偶尔搅拌一下。

第 2 步： 待紫甘蓝的汁液冷却后，倒入广口瓶或碗里。

第 3 步： 将几勺（约 10 毫升）紫甘蓝汁液分别倒入两个小杯子（或试管）中。

第 4 步： 在 1 杯紫甘蓝汁液中加入碳酸水，将清水加入另一杯紫甘蓝汁液中。加入的碳酸水和清水的量相同。为了更好地控制外在条件，确保碳酸水和非碳酸水来自同一水源，可以通过往水里加干冰来获得碳酸水。（图 1）

第 5 步： 观察发生的颜色变化。紫甘蓝的汁液遇酸会变成粉红色，遇碱会变成蓝色。（图 2、3）

第 6 步：（可选）重复第 1 步，分别将 1 或 2 毫升紫甘蓝汁液倒入两个小杯子或试管中。拿一根吸管，插到其中一个杯子的底部，通过吸管向杯内吹气几分钟，直到看到杯中的紫甘蓝汁液比对照杯中的紫甘蓝汁液更红。做这步时要耐心一点！使用试管操作可能比较好，因为紫甘蓝的汁液不容易向四处飞溅。（图 4、图 5）

图1：把清水倒入一杯紫甘蓝的汁液里，把碳酸水倒入另一杯紫甘蓝的汁液里。

图2：观察两杯紫甘蓝汁液中的颜色变化。

图4：用吸管朝装有紫甘蓝汁液的杯子里吹气。

注意事项：

如果不使用炉灶，可以把半颗紫甘蓝切碎，放入搅拌机，加入3杯水（大约710毫升）一起搅拌。然后用漏锅或漏勺过滤出紫甘蓝的汁液，再用咖啡滤纸把液体挤压出来，倒入剪掉了一个角的塑料袋中。没煮过的紫甘蓝的汁液会有更多泡沫，呈现出一种更明亮的蓝色。

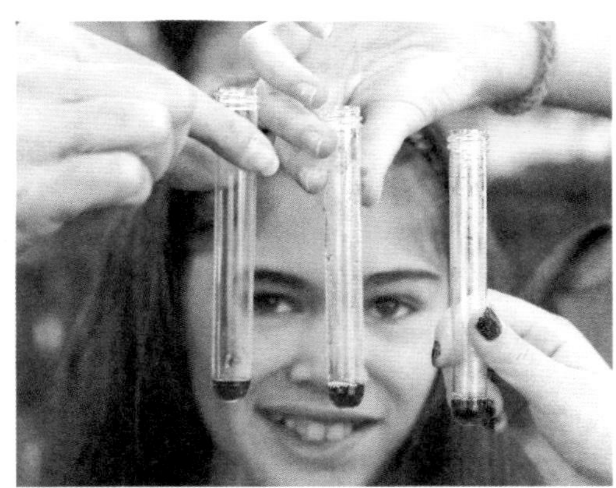

图5：你呼出的气体含有二氧化碳，会使紫甘蓝汁液变成粉红色。

科学揭秘

紫甘蓝中的色素是一种酸指示剂，遇酸会变成红色或粉红色。碳酸水含有二氧化碳，你呼出的气体中也含有二氧化碳，它们与紫甘蓝汁液结合会形成碳酸，导致溶液的 pH 值下降，使紫甘蓝汁液变成粉红色。

燃烧燃料和焚烧雨林这类活动会释放出二氧化碳，大约其中的四分之一会由地球上的海洋所吸收。这导致海洋的水变得更酸，就像实验中的紫甘蓝汁液。这种 pH 值的下降和海洋中的其他化学变化使得一些海洋生物，如珊瑚，很难生存和繁殖。

你也可以思考一下：汽水里含有二氧化碳，呈酸性，为什么这种酸性不利于牙齿？

奇思妙想

如果往紫甘蓝汁液里加一点酵母，并让它生长一段时间，紫甘蓝汁液会变成什么颜色呢？

试着用紫甘蓝汁液替代水，再做一次实验 33。

把无色的汽水倒入紫甘蓝汁液里，看看会发生什么。

实验31 隐形墨水

实验材料

- → 2杯（200克）新鲜的蔓越莓
- → 小刀
- → 中等大小的带盖锅
- → 3杯（约710毫升）水,第7步可能还要准备更多的水
- → 滤网（或滤锅）
- → 菜盘（或烤盘），大小足以容纳一张A4复印纸
- → 小苏打
- → $\frac{1}{3}$杯（80毫升）温水
- → A4复印纸
- → 剪刀
- → 棉签（或画笔、棒棒糖棒）
- → 柠檬汁（可选）

安全提示

— 由成年人完成煮蔓越莓的操作，煮的时候应盖上锅盖，因为蔓越莓内部有气囊，使其能浮在水面上，也因此可能导致爆裂。待汁水冷却下来，再让孩子接手操作。

— 在玩蔓越莓汁的时候，建议穿上围裙或旧衣服，因为蔓越莓汁会弄脏衣服！

— 剪掉一端的棒棒糖棒（或棉签）是很好的吸水笔，可以搭配本实验制造的隐形墨水使用。

用蔓越莓中对酸碱敏感的色素让看不见的信息显形吧！

图5：将纸浸入蔓越莓汁中显示隐形信息。

实验步骤

第1步： 将一颗蔓越莓切成两半，观察内部的气囊，这些气囊使其能浮在水面上。（图1）

第2步： 将蔓越莓放入锅中，加入3杯水（约710毫升）烹煮15 ~ 20分钟，盖上锅盖。蔓越莓内部的空气受热，导致蔓越莓爆裂开来，这时你会听到“啪啪”的声音。（图2、3）

第3步： 要收集到高度浓缩的蔓越莓汁，可以先捏碎煮过的蔓越莓，在大小足以容纳一张A4复印纸的菜盘（或烤盘）上，用滤网（或滤锅）过滤液体。

第4步： 等待蔓越莓汁冷却。如果蔓越莓汁看起来很稠，呈糨糊状，可以加入少许水，稀释至足以渗透纸。

图1：取一颗蔓越莓切成两半，观察一下里面的气囊。

图2：将蔓越莓放入水中。

图3：盖上锅盖蒸煮蔓越莓。

图4：蘸取小苏打溶液，在纸上写信息。

第 5 步： 测试一下你要用的纸，剪下一小块，用蔓越莓汁浸泡。如果纸一直呈粉红色，代表可以使用，但如果纸立刻变成了蓝色或灰色，就要尝试一些其他的纸。

第 6 步： 用几勺（约 9 克）小苏打和$\frac{1}{3}$杯（80 毫升）的温水制作隐形墨水，将两者搅拌均匀。如果搅拌后仍然看到一些小苏打颗粒，不用太担心。你也可以用柠檬汁、棉签、画笔或棒棒糖棒来写隐形信息。

第 7 步： 将小苏打溶液或柠檬汁当作墨水在纸上写消息，这可能需要一点点练习。（图 4）把写好信息的纸放在空气中自然晾干，或者用吹风机迅速烘干。

第 8 步： 把纸放入蔓越莓汁中，看看会发生什么！（图 5）

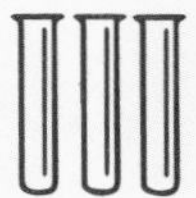

科学揭秘

蔓越莓含有花青素，正是这种色素的存在，使得蔓越莓色泽鲜艳。在自然界中，这种色素能吸引鸟类和其他动物去啄食植物的果实。

这些色素，称为类黄酮，与酸性和碱性物质接触时，会改变颜色。蔓越莓汁是非常酸性的，它含有的色素在遇到酸性物质时呈现粉红色，但是当你将它添加到碱性物质中，它则会变成紫色或蓝色。

小苏打是碱性的，所以当它接触到蔓越莓汁中的色素时，用小苏打溶液书写的信息就会变为蓝色。最后，当有足够的蔓越莓汁渗入纸中，它会稀释纸上的小苏打溶液痕迹，色素会重新变回红色，于是纸上的信息就又消失了！

自然界中有三百多种花青素，存在于许多水果和蔬菜中。科学家认为这些花青素非常有益于健康。

奇思妙想

想一想，你还可以用哪些天然的酸碱指示剂来做这个实验？

你还可以用哪些材料制造隐形的墨水？

单元 8

潜入微观世界

——奇妙的微生物

从我们出生开始，身体上的每一厘米就都附着着肉眼看不到的微小生物。其中一些会致病，但多数对人类健康至关重要。

像大多数生物一样，微生物对生存所需的环境和营养有着特定的要求。尽管一些微生物可以在人体的环境下生长，由人类皮肤提供营养，其他的微生物则需要在不同的条件下生存。一些被称为极端微生物的细菌，可以在酷热、严寒、酸性或放射性的对其他生物不利的环境中生存。有一种神奇的微生物——病毒可以自我复制以便劫持活细胞并窃取它们的成分。

为了在实验室中培育微生物，研究人员必须提供最佳的环境。大多数微生物生长在富含营养的肉汤中或固体介质上。肉汤中产生的细菌数量庞大，而在固体琼脂板上可以培育单个微生物。

在室温下，环境中和人体皮肤上很容易生长一定比例的细菌和真菌。在这个单元中，你将有机会探索生长在房子四周的微生物、观察酵母如何使面包变得蓬松、了解用肥皂和水洗手的重要性。

实验 32 我的微生物动物园

实验材料

- → 数个干净的一次性容器（如锡箔纸杯，用可封口的塑料袋盖起来的透明塑料杯，透明的带盖子的塑料容器或培养皿）
- → 小锅（或微波炉适用的碗）
- → 浓缩的牛肉汤料或1勺（约2克）牛肉粒
- → 1杯（约235毫升）水
- → 1勺（14克）琼脂粉或1 $\frac{1}{2}$ 袋（12克）无味明胶（见［注意事项］）
- → 2勺（9克）糖
- → 盘子（或保鲜膜）
- → 棉签
- → 笔和标签

安全提示

- — 制作培养皿需要用到非常热的液体，所以需要成年人的帮助。
- — 如果用锡箔纸杯作为培养皿，只需要将它们放置在一个纸杯蛋糕烤盘里，加入琼脂，等它们冷却下来后，分别放入可封口的塑料袋里即可。
- — 培养皿应该在两到三天之内使用。使用时，确保始终盖着盖子，不必很紧，这样培养皿不会被漂浮在空气中的微生物污染。
- — 操作培养皿后，一定要洗手。完成观察后，将培养皿处理后扔掉。

你家厨房的灶台上有什么？那里生活着许多肉眼看不见的微生物！

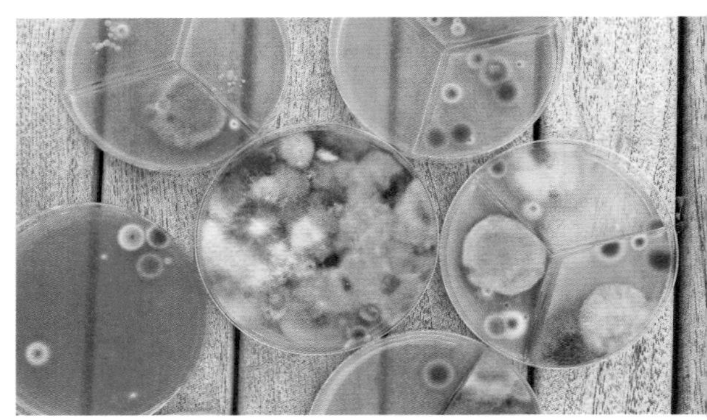

图4：观察培养皿里的变化，有什么正在繁殖！

实验步骤

第 1 步： 要制作微生物的食物，或者说微生物培养基，需要把牛肉汤料、水、琼脂（或明胶）和糖放入小锅或微波炉适用的碗里，搅拌混合。（图 1）

第 2 步： 把混合物放在炉子上或微波炉里加热，每隔 1 分钟搅拌一下，直到琼脂或明胶在水中溶解。把沸腾的液体从火上移开，用盘子或保鲜膜盖上，冷却约 15 分钟。

第 3 步： 把微生物培养基小心地倒入几个干净的容器里作为培养皿，大约三分之一至二分之一满。把盖子、金属箔或塑料袋轻轻地盖在培养皿上，让它们完全冷却。当混合物变成固体时，就可以使用了。也可以将它们密封起来存储在冰箱里待下次

图1：将材料混合。

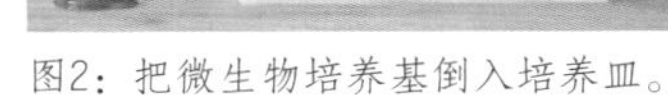

图2：把微生物培养基倒入培养皿。

图3：擦拭物体表面进行采样。

使用。（图 2）

第 4 步： 抖落容器盖子上的水滴，并更换盖子。在标签上标记将要测试的物体的名字和日期，贴在每一个培养皿的底部，因为操作时盖子会被取走。可以使用多个培养皿，也可以把一个培养皿分成四个部分，用标签标记每个部分。

第 5 步： 用干净的棉签擦拭想要测试的物体表面，找到贴有相应名字标签的培养皿，把盖子取下，轻轻地用棉签在培养皿表面涂抹。如果足够小心，培养皿中的琼脂应该不会破。手机、遥控器、厨房水槽、电脑键盘、门把手以及钢琴键表面都可以用来采样后涂抹在培养皿内做测试，甚至可以用手直接触摸培养皿，或者朝培养皿里咳嗽，甚至将培养皿直接暴露在空气中半小时，看看我们周围的空气中到底有什么。（图 3）

第 6 步： 在培养皿内涂抹后，把培养皿放平，松松地盖上盖子，勿倒置。

第 7 步： 观察培养皿，看看有什么生长了出来。也许会看到真菌（霉菌），也可能会看到一些微小的透明或白色的斑点，这是由数以百万计的细菌形成的菌落。（图 4）在你的实验日志上记录或画出看到的微生物的形状、大小和颜色。

注意事项：

如果环境比较温暖，培养皿中明胶会融化，细菌的一些菌株也可能液化，这就是科学家在实验室里使用琼脂来制作培养基的原因。琼脂来自藻类，可以在很多超市的食品区找到。

科学揭秘

如果不通过显微镜，你其实无法看到微生物，但它们，比如真菌和细菌，就在你的身体内生活，存在于你周围任何物体的表面上。

它们中的一些可以在本实验中制造出的培养基上生长，当然大多数并不能。就像动物园里的动物们，每种微生物对食物、湿度、温度，甚至周围空气的多少都有特定的要求，你在培养皿中培养出来的微生物菌落依赖于你提供给它们的食物和温度。

菌落的大小、颜色和其他特点可以帮助你识别培养皿里繁殖的是什么。微生物学家则会使用显微镜观察、染色、化学试验甚至核酸分析等方法来确定未知的生命体。

奇思妙想

想一想，你还可以用培养皿做什么实验？

试一试实验 34。

实验33 酵母吹气球

实验材料

→ 可封口的小塑料袋
→ 笔
→ 4包活性干酵母（每包9克）
→ 1勺（6克）盐
→ 6勺（27克）糖
→ 2杯（475毫升）水

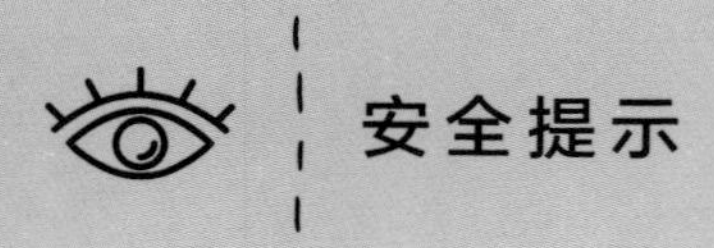

安全提示

— 密切关注实验过程，如果有塑料袋膨胀到看起来会爆炸，马上打开它，释放袋内的压力！

图3：把糖加入到贴有含“糖”标签的塑料袋里。

是什么使酵母生长？用酵母气球来发现吧！

实验步骤

第1步： 在4个可封口的塑料袋贴上如下标签：（图1）

- 糖 + 温水
- 糖 + 冷水
- 糖 + 盐 + 温水
- 温水

第2步： 向每个塑料袋里添加1袋（9克）酵母，再分别向贴有含“糖”标签的塑料袋内添加2勺（9克）糖，向贴有含“盐”标签的塑料袋里添加1勺（约6克）盐。（图2、3）

第3步： 根据塑料袋上的标签，小心地向每个袋子加$\frac{1}{2}$杯（120毫升）水。“温水”的是不太热的水，否则会破坏酵母；“冷水”指的是常温水，也可以往水里加入冰块让水更凉一些。（图4）

图1：将标签贴在塑料袋上。

图2：向每个塑料袋里加入酵母。

图4：向每个塑料袋里加水。

第 4 步： 挤掉尽可能多的额外空气，把袋子密封起来，放在桌子上。酵母在温水的塑料袋中会比在冷水的塑料袋中生长得更快。

图5：观察哪一种成分让酵母生长得最快。

第 5 步： 观察塑料袋，看看会发生什么。随着袋中二氧化碳气体增加，含有酵母的袋子会膨胀，这说明袋中的酵母细胞生长得很好。（图 5）

想一想，哪些成分最有助于酵母生长？哪些成分会阻碍酵母生长？酵母细胞是在温水里还是在冷水里生长得更好？

科学揭秘

人类制作面包的历史已经有四千多年了，不过，面包是怎样膨胀起来的却一直是个谜。直到一位名叫路易·巴斯德（Louis Pasteur）的著名科学家发现，一种被称为酵母的微生物可以让面团膨胀起来。

面包酵母是一种与蘑菇有亲属关系的真菌。如果在显微镜下观察酵母细胞，会看到它们的形状很像气球和足球。

酵母细胞靠面包粉里的糖和淀粉来获取能量既而生长，同时会产生二氧化碳气体，使塑料袋膨胀起来。

面团里的酵母释放出二氧化碳气体，制造出微小气泡，让面包膨胀起来，因此在烘焙时，会发出“啪啪”的响声，形成面包里的无数小孔。我们在商店买到的酵母虽然是活的，但它是干的，无法生长，必须加水后才能使用。

奇思妙想

在添加糖和水之前，试一试把酵母涂上油。

如果把果汁加到塑料袋中，会发生什么？

如果加入酵母后，马上把塑料袋放到冰箱里，会发生什么？

实验 34 洗手洗掉了什么？

实验材料

→ 6个自制的培养皿（见实验32）
→ 笔和标签
→ 干净的毛巾
→ 干净的肥皂（或液体皂）
→ 含酒精的洗手液

图2：只用水洗手。

一起来发现从手上洗掉致病微生物的最佳方法吧！

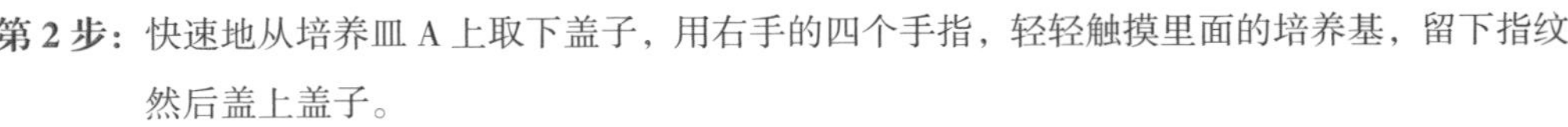

实验步骤

第 1 步： 在每个培养皿的底部贴上从 A ～ F 的标签，标签内容如下：（图 1）

A：右手，不洗手

B：右手，只用水洗

C：右手，用肥皂和水洗

D：右手，用洗手液洗

E：对照组，不触碰

一定要在培养皿上写明日期和你的姓名。

第 2 步： 快速地从培养皿 A 上取下盖子，用右手的四个手指，轻轻触摸里面的培养基，留下指纹，然后盖上盖子。

第 3 步： 只用水洗那四个手指，不擦洗。约 30 秒后用干净的毛巾擦干手指，然后重复第 2 步，以同样的方式触摸培养皿 B。（图 2、3、4）

第 4 步： 用肥皂和水洗那四个手指 2 分钟，用干净的毛巾擦干，然后再次触摸培养皿 C。

第 5 步： 用洗手液搓洗右手手指 30 秒，用干净的毛巾擦干，然后触摸培养皿 D。

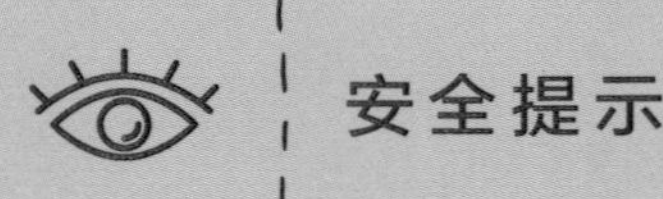

安全提示

— 由成年人协助孩子制作培养皿，在孩子使用洗手液时也应在一旁照看。

第 6 步：盖上培养皿的盖子，把它们放置在一处地方，几天后检查一下，很快你会看到细菌和真菌菌落开始在培养皿中出现。

第 7 步：数一数每个培养皿里的菌落，想一想可以用什么方法比较它们。

图1：制作实验32里的培养皿，并贴上标签。

图3：用干毛巾擦干洗过的手指。

图4：用手指触摸培养皿B的内部。

科学揭秘

用肥皂洗手，用清水冲净，再用干净的毛巾擦干手能显著减少双手携带致病细菌的数量。洗手是避免感染和传播传染性疾病的最佳方法之一。洗手液能有效杀死许多细菌，但也有一些很顽强，只能通过揉搓和冲洗等方法去除。除了消灭细菌，肥皂还有助于分解手上的油脂，从而更好地去除细菌。

在这个实验中，你手上的细菌和真菌的菌落转移到培养皿中生长，细菌菌落会以白色或黄色小点的形式出现在培养皿内。这个实验也解释了为什么用肥皂洗手能让双手保持干净。

一些微生物就像常住居民一样，长期附着在你的皮肤上。还有一些致病细菌，虽然它们可能只是短暂存在，但它们在你周围无处不在，饮水机把手、楼梯栏杆和电脑键盘是重灾区。洗手时揉搓双手产生的摩擦能有力地去除这些短暂存在的微生物。

医生、护士和食品工作者必须特别关注洗手这件事，这样才不会在工作场所传播疾病。

奇思妙想

用一块用了很久的肥皂和液体皂来做这个实验，比较使用哪一种材料会让你的手更干净?

做一做实验 32，看看家里哪一种物体表面上的细菌最多。

单元 9

疯狂的电击

——静电的科学

你是否有过这样的经历，用手摸过小毛毯后再去抓门把手的一刹那间，你的手会感到一阵电击?

静电是由物体表面正电荷或负电荷的增强而产生的。对于小毛毯和门把手而言，你的身体是带电的物体。当从小毛毯上集聚的电从你的手传到金属材质的门把手时，你就会有被电击的感觉。

带有负电荷的亚原子叫做“电子”。它们能够从一个物体跳到另外一个物体，并在电和磁的奇妙世界中扮演着重要的角色。相对地，带有正电荷的亚原子被称为“质子”，要比电子更重、更大一些。

由于质子和电子的电荷性质相反，所以它们互相吸引。但大部分时候都是电子在移动，因为它们更小也更轻。

由于电子之间的电荷性质相同，因此它们之间总是相互排斥。质子之间也是如此。

举例来说，当你在头发上摩擦气球或是用梳子梳头发时，许多电子从你的头发上被带离，然后转移到气球或梳子上，使之获得负电荷。而由于你身体里的正电荷之间是相互排斥的，所以，在头发上摩擦气球，或用梳子梳头发时，你的头发常常立起来。

这个单元会以可视化的方式，为你呈现一些电子在物体表面跑来跑去的有趣实验，其中有些实验还会让你有被电击的感觉。

实验 35

会跳舞的锡箔纸

实验材料

→ 广口瓶
→ 硬纸板
→ 剪刀
→ 薄锡箔纸
→ 钉子
→ 胶带
→ 气球（或塑料梳子）

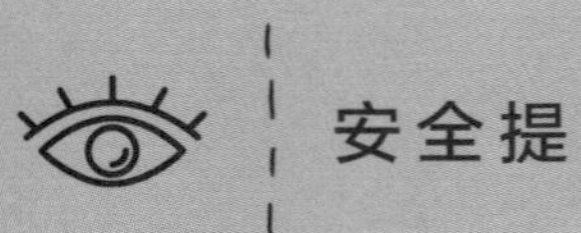

安全提示

— 将钉子钉入木板的操作由成年人操作完成或协助孩子完成。

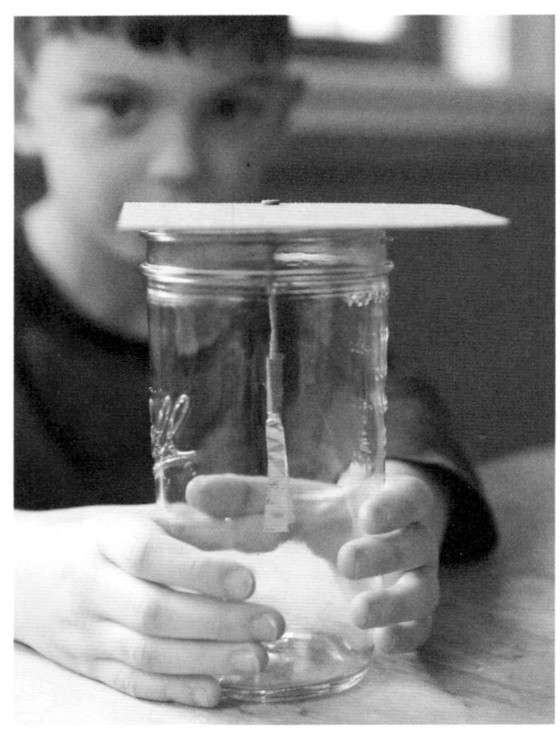

利用静电来移动瓶子里的锡箔纸吧，它们看起来就像被施了魔法一样！

图4：在保持钉尖上锡箔纸不动的情况下，重新将硬纸板盖在瓶子上。

实验步骤

第 1 步： 剪一块跟广口瓶瓶口一样大小的硬纸板，盖在瓶子上。

第 2 步： 往硬纸板上钉钉子，钉尖朝下。将硬纸板和钉子从瓶子上拿开，钉子仍留在硬纸板上。（图 1、2）

第 3 步： 裁出两条锡箔纸，每条 5 厘米长、6 毫米宽。两条锡箔纸叠在一起。

第 4 步： 将两条锡箔纸的一端用胶带粘在钉尖上。然后重新用硬纸板盖住瓶子，钉尖朝下，锡箔条也在瓶内垂下来，此时，两条锡箔纸是相互接触的。（图 3、4）

第 5 步： 用气球或梳子摩擦头发，使它们带上静电。然后将其放到硬纸板的钉子上，不能用手碰到钉子。（图 5）

第 6 步： 当你拿着带负电荷的气球或梳子接近钉子时，钉子下方两条相触的锡箔纸会自动分开。（图 6）

图1：用钉子戳穿硬纸板。

图2：钉子的长度要足以进入瓶子的内部。

图3：将两条锡箔纸粘在钉尖上，并让它们互相紧贴在一起。

图5：用气球或梳子摩擦头发，让它们带上静电。

图6：用带电的气球或梳子接近钉子的顶部并观察瓶内锡箔纸的移动。

科学揭秘

带负电荷的气球和梳子正是让电子跳来跳去的工具。

在这个实验中，带负电荷的电子先从你的头发上跳到气球或梳子上，再跳到钉子上，最后跳到了锡箔纸上。此外，积聚在气球和梳子上的所有负电荷又促使更多的电子跳到两条锡箔纸上，使它们都带上强大的负电荷。带有同样性质电荷的两个物体会互相排斥，所以我们看到两条锡箔纸会自动分开。

奇思妙想

如果实验中的锡箔纸多于两条，会发生什么情况呢？尝试做一个长着很多条腿的锡箔“章鱼”，看看实验结果会怎样。

你还能找到其他带电的物体并用它让锡箔纸“跳舞”吗？

实验 36

指尖上的电击

实验材料

→ 面积略大于一次性纸盘的正方形硬纸板
→ 锡箔盆
→ 胶带
→ 一次性纸杯
→ 一次性纸盘
→ 锡箔纸
→ 羊毛材质物品（如旧袜子或绒线帽等）
→ 小容器（如塑料的胶卷盒或空的香料瓶等）
→ 管道胶带
→ 钉子（比胶卷盒长）
→ 水

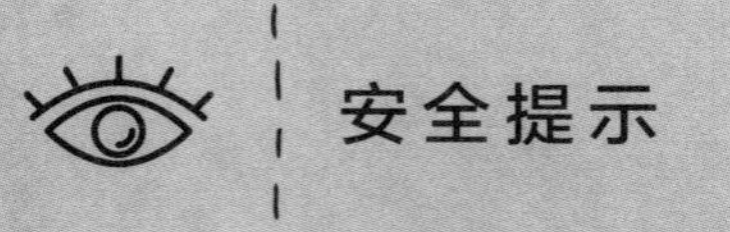

安全提示

— 孩子必须在成年人的帮助下完成将钉子戳穿胶卷盒的操作。
— 一旦制作好起电盘和莱顿瓶，之后的实验一定要按步骤顺序进行，否则期待的实验结果将无法出现。

尝试做一下这个静电实验，它会带来令人震惊的现象！

图6：用大拇指碰触莱顿瓶外部的锡箔纸，同时用同一只手上的其他手指靠近钉子，感受电击。

实验步骤

第 1 步：将一次性纸杯倒置在锡箔盆里，杯口粘在盆底。

第 2 步：用锡箔纸覆盖硬纸板的一面，粘贴牢固。再将一次性纸盘以面朝下的方向粘在锡箔纸上。第 1、2 步制作的是起电盘。

第 3 步：这一步将制作莱顿瓶。将小容器的盖子盖紧（或用布基胶带代替瓶盖进行密封）。从容器底部开始，用锡箔纸覆盖住小容器表面的三分之二，再用钉子以尖头朝下的方向戳穿容器口的胶带。然后，向小容器内加水至瓶身的四分之三处，确保钉子的尖头浸在水里而它的顶部突出在容器外。可以用胶带进行固定。（图 1）

请注意：下面的步骤一定要按顺序进行！

第 4 步：用毛质的物体摩擦一次性纸盘（粘在锡箔纸上的）几分钟。然后，将一次性纸盘放置在莱顿瓶旁边，要保证两者处于同一平面。（图 2）

第 5 步：提起粘在锡箔盆上的一次性纸杯，放在粘在锡箔纸上的一次性纸盘的上方。（图 3）

第 6 步：将小指放在包裹着硬纸板的锡箔纸上，随后拿开，然后用同一只手上的大拇指触碰叠在

上方的锡箔盆。随着电子从一次性纸盘跳到你的手上，你会看到有小火花出现。此时，锡箔盆上带有正电荷。（图 4）

第 7 步： 提起粘在锡箔盆里的一次性纸杯，用带静电的锡箔盆触碰莱顿瓶上的钉子。负电荷会从钉子传到锡箔盆，使钉子及莱顿瓶内部都带上了正电荷。（图 5）

第 8 步： 将第 1 步至第 3 步重复两到三次，确保莱顿瓶内充满电荷。

第 9 步： 做好准备接受电击吧！将大拇指放在莱顿瓶底部的锡箔纸上，然后用其他手指的指尖接近瓶口上的钉子。电子会从莱顿瓶底部的锡箔纸跳到带有正电荷的钉子上，并给你一次震撼的电击。（图 6）

图1：在莱顿瓶里加上水。

图2：用毛质物品摩擦一次性纸盘。

图3：将锡箔盆叠在一次性纸盘上。

图4：将小指放在下方的锡箔纸上，再用大拇指碰触上方的锡箔盆。

图5：用锡箔盆碰触莱顿瓶上的钉子。

科学揭秘

起电盘是用于产生静电电荷的简单装置。

用毛质物品摩擦一次性纸盘时，纸盘从羊毛上吸引电子移动获得一个负电荷。用锡箔盆碰触带电的纸盘会导致锡箔盆上的电子被纸盘上的负电荷所排斥，然而它们却无处可去。所以接触锡箔纸之后再碰触锡箔盆时，手指在互相排斥的电子之间搭起桥梁，电子从锡箔盆上跳到了你的手上，并在纸上留下正电荷。

莱顿瓶的原理是在容器内部和外部的两类电荷之间储存静电。在本实验中，由胶卷盒制作的瓶子的内部从水中获得电极，瓶子的外部则从锡箔纸上获得电极。

用带有正电荷的锡箔盆碰触莱顿瓶上钉子的顶部，会导致电子从水中、钉子上跳到锡箔盆上，并在莱顿瓶内的钉子以及水中留下正电荷。

至实验的最后一步，用手碰触莱顿瓶下方的锡箔纸，然后再将指尖移到带有正电荷的钉子上时，电子就会从莱顿瓶下方的锡箔纸上跳到带有正电荷的钉子上，让你感受到一阵电击。

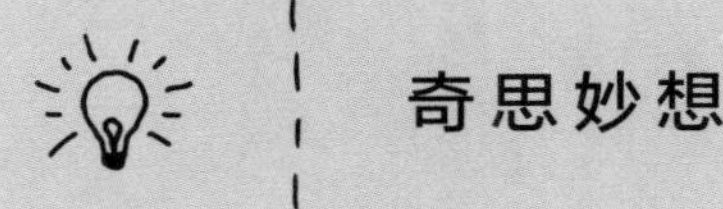

奇思妙想

尝试在黑暗的环境下操作实验的最后一步。你将会看到电子划过夜空跳到手指上的那个瞬间。

实验37 把水流变弯

实验材料

→ 气球
→ 大头针
→ 塑料梳子

安全提示

— 孩子用大头针在气球上戳洞时，必须在成年人的陪伴和帮助下进行操作。
— 这是一个适合在室外、水槽或浴缸里完成的实验。
— 在气球上戳洞且不让它爆开来是有一定难度的，需要多尝试几次。
— 这个实验最好是在较为干燥的环境中进行。如果你在使梳子或气球带电的过程中遇到了困难，试着用毛袜或绒线帽摩擦它们。

图2：用梳子接近从气球中流出的水流。

用静电把水流变弯吧！

实验步骤

第1步：在气球里装上水，注意不要装得太满。

第2步：把气球口扎起来。

第3步：用大头针在气球的一侧戳开一个小洞，使得抓住气球顶部时会有水从洞里流出来。（图1）

第4步：在头发上多次摩擦塑料梳子使它带有静电。注意摩擦的必须是干燥的头发。

第5步：拿着梳子靠近从气球洞里流出的水流，观察水流是会靠近梳子还是远离梳子。能让水流呈现出趋近梳子方向的反重力状态吗？（图2）

第6步：换成一个充满空气的气球，用气球摩擦头发使其带电后，装入水再次重复第5步。观察从洞眼中流出的水流的方向，仍旧和刚才实验的结果一样吗？（图3）

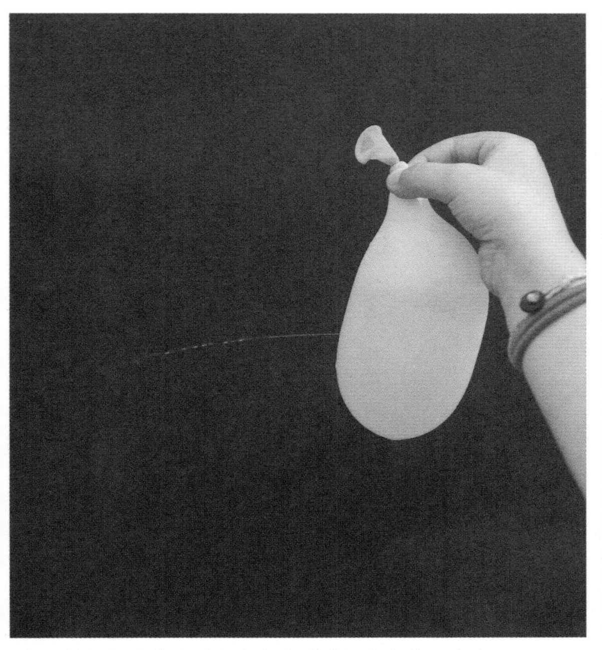

图1：提起气球能看到有小水流通过气球上的洞流出。

图3：一个带电的气球能让水流变弯吗？

科学揭秘

在干头发上摩擦梳子或气球时，电子会从头发跳到梳子或气球上，从而使它们带有负电荷。而头发上遗留的正电荷与摩擦物上的正电荷互相排斥，导致头发根根竖起来。

水分子由两个带正电荷的氢原子和一个带负电荷的氧原子组成。尽管通常情况下，水既不会传递正电荷也不会传递负电荷，但当你抓着带有负电荷的梳子接近一段水流时，水中的氢原子会排着队争先恐后地接近梳子上的电子。这就是所谓的“极化”。

一旦水流被极化，相对立却又互相吸引的电荷便增强了，强到足以使水流朝着趋近梳子的方向运动。

奇思妙想

尝试用水龙头里流出的水流来做这个实验。

水流的大小会影响实验的效果吗？梳子和水流之间的距离会如何影响它们携带的电荷之间的异性相吸现象？

单元 10

植物魔法师

——了不起的植物学

如果没有植物，人类便不会存在。

约瑟夫·普利斯特里（Joseph Priestly）起初只是一名在自家厨房的水槽里做实验的业余科学家，但最终他以在1774年首次提出氧气隔离的方法而闻名于世，成为一名著名的科学家。他发现，在密闭容器中，火在燃烧时会消耗动物赖以存活的物质——氧气，而植物则可以产生这种神秘的物质。这项研究给予他启发，使他成为最早的自然哲学家，并针对人类的生态系统提出了科学的假设——我们人类依赖于植物释放出的氧气而呼吸。

现代科学已向我们证明，植物是神奇的化学元素再组织者。通过太阳能以及光合作用过程，植物能将水和二氧化碳转化为糖（葡萄糖）和氧气。地球上正因为有了含氧大气层，动物和人类才能够生存。

在这个单元里，借助一些塑料袋、食用色素和一颗卷心菜，你就能看到植物是如何从一颗种子开始发芽、吸收水分，并把水分蒸发到大气层中去的完整过程。

实验 38

窗边的小豆豆

实验材料

→ 纸巾
→ 剪刀
→ 可封口的塑料袋
→ 水
→ 生的豆子或其他种子

在塑料袋里种上一颗豆子，看着它一步步生根发芽吧！

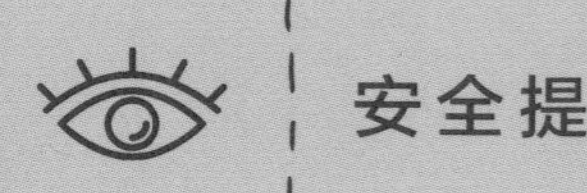

安全提示

— 生豆子可能存在导致孩子噎住的风险。
— 如果使用的是不太老且没有被阳光照射过的豆子，实验效果最好。可以在实验开始的前夜浸泡豆子以促使它们尽快发芽。
— 为本实验找一个能让豆子享受充足光照的窗台，但要避免那些会一整天都被强光照射到的地方。

实验步骤

第 1 步： 剪下半张纸巾，折叠几次使它的大小能够放进塑料袋中。

第 2 步： 将纸巾用水浸透后装进塑料袋，用手铺平。（图 1）

第 3 步： 在塑料袋从下往上大约 3 厘米的地方，放置两三颗豆子或其他种子。如果豆子不能保持在固定位置，也不要担心；但有必要在袋子底部再塞上一块纸巾，以确保豆子不会被直接泡在水里。（图 2）

第 4 步： 将塑料袋封口，但留出一点空隙让袋里的植物能得到一些空气。

第 5 步： 将塑料袋粘在窗户上，有豆子的那面朝里，以便于观察袋中豆子的成长。（图 3、4）

图1：将纸巾装入塑料袋，用手铺平。

图2：在袋子里放上两到三颗豆子。

图3：将塑料袋粘在窗户上，把有豆子的一面朝里。

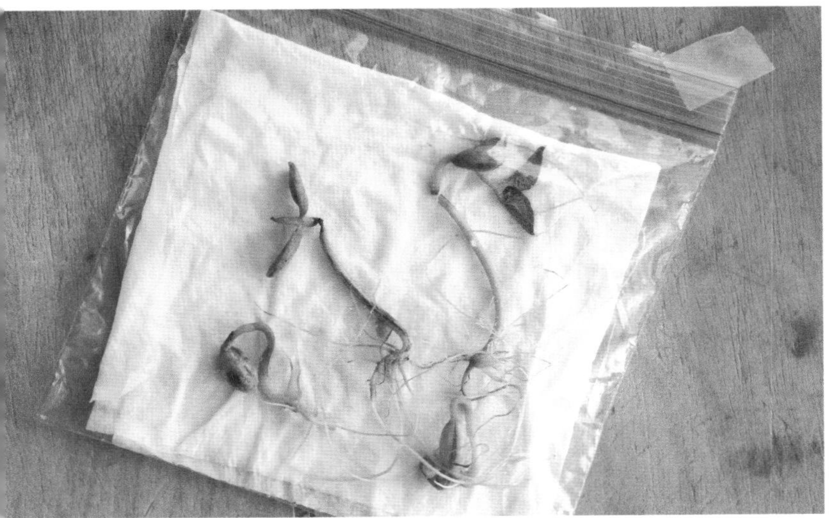

图4：很快，你就会看到袋子里的豆子开始发芽、长大。

科学揭秘

种子，比如豆子，体内都有一个处于休眠状态的植物"婴儿"。"休眠"的意思就是"在睡觉"。这些微小的植物"婴儿"需要特定的信号让它们"醒过来"并离开这个种子。"发芽"就是指植物的胚胎从种子发展到萌芽再到长出叶子的过程。

植物发芽所需要的环境信号包括充足的光线、空气和水分。温度也在植物发芽的过程中发挥着重要的作用。

当植物发芽时，它会从种子那里获取所需要的营养。在这个实验中，你能看到随着植物的长大，种子收缩的过程。当植物成熟后，它会从根和叶子上获取所需要的能量。一旦长到一定的尺寸并完全消耗掉种子所提供的营养时，粘在窗户上的豆芽就必须移植到更有营养的土壤中才能继续存活。

奇思妙想

每天测量，以绘图的形式记录下豆子发芽的过程，在实验日志上记录下你得到的数据。准备两个装有豆子的塑料袋，将其中一个袋子放在窗台上而将另一个放在黑暗的壁橱里，看看会发生什么？

实验 39 会“出汗”的树

实验材料

- → 无毒、枝叶繁茂且树枝较低的树
- → 透明的大塑料袋
- → 小石子
- → 金属扎丝（或细绳）
- → 剪刀
- → 透明的瓶子

安全提示

- — 塑料袋存在导致孩子窒息的风险，孩子必须在成年人指导下使用。
- — 从本实验中收集到的水不可饮用。
- — 如果是在炎热的、阳光明媚的天气情况下进行实验，效果最好。
- — 建议不要用你喜欢的树做实验，因为实验会损坏树叶。

在炎热的、阳光明媚的某一天，看看你能从一棵“出汗”的树上收集到多少水分吧！

实验步骤

第 1 步： 选择阳光明媚的一天，取一个塑料袋到室外，把它包裹在一根树枝上，尽可能多地把树叶包进袋子里。（图 1）

第 2 步： 在袋子的一角放进一颗小石子，给袋子增加重量。

第 3 步： 用金属扎丝或细绳将袋子牢牢地系在树枝上。

第 4 步： 用 24 个小时收集树蒸发出来的水分。剪开袋子底部的一角，用透明的瓶子收集袋里流出的水分。（图 2、3）

图1：把树叶包裹在袋子里。

图2：从袋子里收集水分。

图3：你收集了多少水分？

科学揭秘

植物并不会像人一样出汗，但依赖于温度、湿度以及阳光等条件，它的确能流出水分。

所有的植物都能把水分从它们的根部运送至树叶背面一个叫做“气孔”的小洞里。蒸发有助于植物降温，但同时也能将重要的营养物质从根部传送到树叶上。在干燥、炎热的天气中，植物蒸发量更大，因此，喝足了水分的树也就能释放更多的水分。美国地质局的调查表明，一棵大橡树一年要蒸发大约 151416 升水！

在干燥的天气，玉米蒸发时能够向空气中释放出大量的水分，甚至能够提高附近农作物的露点温度（固定气压之下，空气中所含的气态水达到饱和而凝结成液态水所需要降至的温度）。一些科学家预测，由广袤的玉米地蒸发出的水分足以在合适的条件下引发暴雨。

一般情况下，植物蒸发的水分会让植物降温。但在本实验中，我们让水凝结在塑料袋里。你可以想象，水在袋子里变热产生了“温室效应”，这就是实验会损坏树叶的原因。

奇思妙想

在同一天中，从不同种类的树上收集到的水分的量一样吗？

常青树上收集到的水分和仙人掌上收集到的水分会一样多吗？

如果在实验中用的不是透明的塑料袋，而是黑色的或白色的塑料袋，会发生什么情况？

试着做实验 46 和 47，了解更多关于大气中的水的知识水。

实验 40 树叶和蔬菜的颜色密码

实验材料

→ 铅笔
→ 瓶子（或玻璃杯）
→ 白色的咖啡滤纸（或纸巾）
→ 剪刀
→ 深绿色树叶（或菠菜）和掉落的红色树叶
→ 直径为18毫米的小硬币（1角硬币就很合适）
→ 谷物酒精或人工酒精

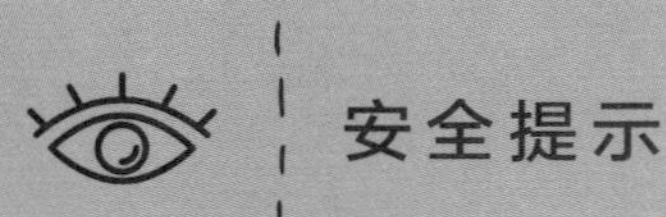

安全提示

— 孩子必须在成年人指导下进行这个实验，因为人工酒精是有毒物质，要避免孩子吞服。
— 使用咖啡滤纸做实验会比使用纸巾效果更好。

图2：用叶子包着硬币在纸条上划出一条有颜色的线。

利用咖啡滤纸进行色谱分析，分离植物中的色素吧！

实验步骤

第 1 步：把铅笔横放在瓶子或玻璃杯口保持平衡。

第 2 步：把咖啡滤纸或纸巾裁成几条，宽度约为 3 厘米。纸条应该有足够的长度，以保证能绕过铅笔对折垂下，且纸条垂下的两端处于玻璃杯底部上方。

第 3 步：从铅笔上取下纸条，在离纸条两端 2 厘米的地方用铅笔画线。

第 4 步：捡一些树叶，也可以从冰箱里找出生菜、菠菜或绿洋葱。用一片叶子包住硬币，并对准滤纸上的铅笔线向下按压，随后通过来回划动在铅笔线上着色。（图 1、2）

第 5 步：如果还有另外一片叶子的话，在滤纸另一端的铅笔线处重复刚才的动作，确保滤纸上的两条线处染上尽可能多的颜色。然后风干滤纸纸条，或用吹风机吹干。

第 6 步：在瓶子里装上足够多的酒精，将铅笔横放在瓶口，把纸条绕过铅笔对折，垂下的两端浸入酒精，注意不能让纸条上的颜色碰到酒精。确保纸条垂下的两端悬挂平行。（图 3）

第 7 步：观察颜色在纸条上的移动，当颜色爬到纸条顶部时，将纸条从酒精里取出。然后风干纸条，观察纸条上出现的不同颜色。可以将这张纸条粘在你的实验日志上。（图 4）

图1：捡一些树叶，或是从冰箱里找一些蔬菜叶子。

图3：将纸条悬挂在铅笔上，让纸条上划线以下的部分接触到瓶内的酒精。

图4：将纸条粘在实验日志上。

科学揭秘

液相色谱分析法可以借助滤纸或纸巾，将为植物着色的色素分子进行分离。在这个实验中，酒精作为一种溶剂将不同大小的色素分子分离出来，色素分子会以不同的速度在纸条上移动扩散，移动速度的快慢取决于色素分子的大小。

绿色树叶中包含了一种叫叶绿素的色素，植物利用叶绿素和其他色素，通过光合作用从阳光中获得能量。每到秋天，树木都会停止产生叶绿素，这也就是一到秋季树叶中的其他颜色，如红色、黄色、橘色等，会变得明显的原因。

奇思妙想

尝试用色泽丰富的水果或蔬菜来做这个实验，比如胡萝卜、蔓越莓或红辣椒等。用刀切开这些水果或蔬菜，用切面的边缘在咖啡滤纸上画下颜色线。

烹饪食物时，食物会变色吗？分别用熟菠菜和生菠菜再次重复这个实验。

实验 41

我的自然手环

实验材料

→ 管道胶带

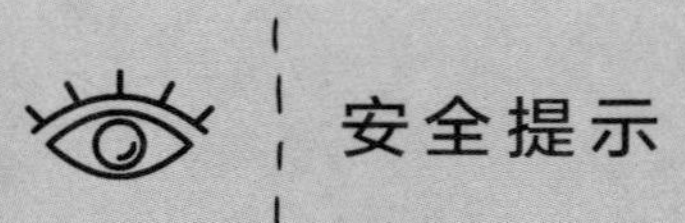

安全提示

— 在出发开始实验之前，确保每个孩子都熟知常春藤和橡树的毒性，并提醒孩子凡是不认识的水果一概不吃。

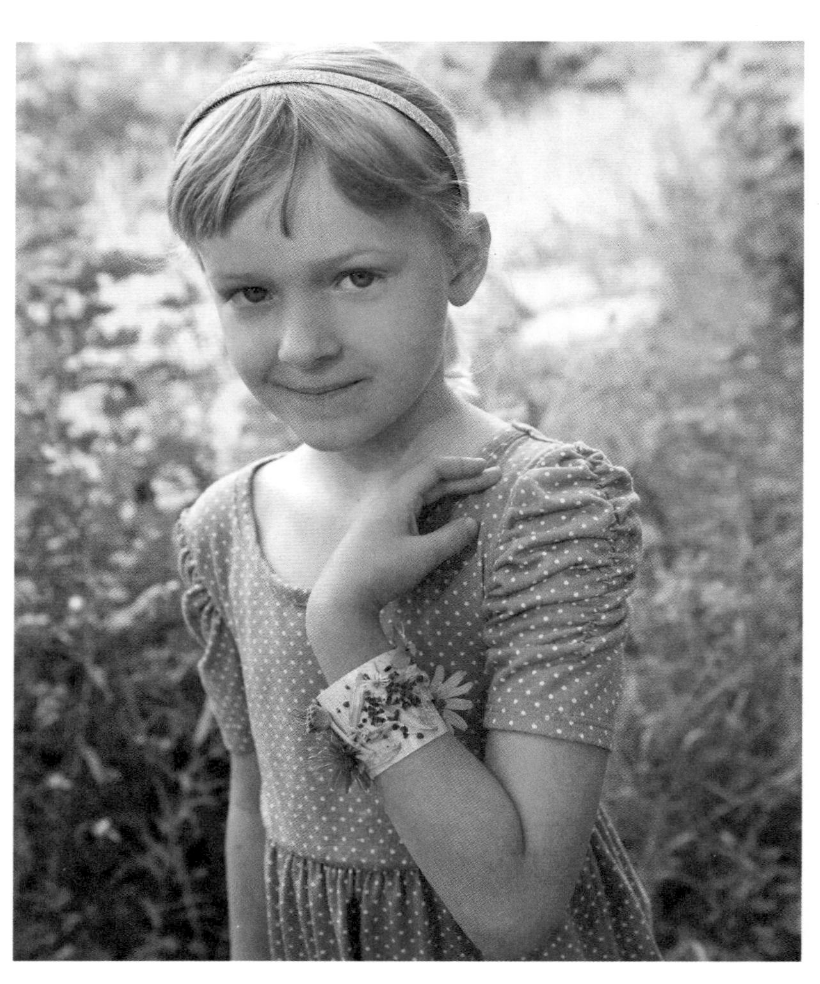

自制一个天然的镶花手环戴在手腕上吧！

图3：把手环改造成一件艺术品。

实验步骤

第 1 步： 用胶带在手腕上绕一个圈，有黏性的一面朝外。（图 1）

第 2 步： 到户外捡一些树叶、橡树子、小花或是其他一些自然饰品装饰到手环上。（图 2、3）

图1：用胶带在手腕上绕一个圈，有黏性的一面朝外。

图2：将捡到的宝贝们粘到手环上。

第 3 步：在户外找找小鸟、昆虫或其他野生动物，也可以数数遇到了多少种植物。

科学揭秘

科学研究表明，孩子花在电子屏幕上的时间已经越来越多，而户外活动的时间越来越少。走出房间，亲近自然吧！不管去的是野地、公园还是自家后院，都是有益于身心健康成长的环境。

奇思妙想

可以在户外步行时背上一个包去收集那些对你的手环而言过大的叶子。

在实验日志上记录步行时的所见所闻。

返回的时候，尝试去辨认一路上发现的植物或鸟类。

实验 42 大白菜吸血鬼

实验材料

- → 2个大杯子（或塑料容器、瓶子），尺寸要足够装下半颗大白菜
- → 热水
- → 食用色素
- → 新鲜的大白菜
- → 锋利的刀
- → 用作装饰的水果和蔬菜（如洋葱、辣椒等）
- → 橡皮筋（或细绳）
- → 牙签

安全提示

- — 为了得到最佳的实验结果，大白菜需要喝上24～48个小时的水。
- — 孩子必须在成年人的帮助下进行切开大白菜的操作。

大白菜会“吸血”，真令人毛骨悚然，其实这是毛细现象！

图5：观察大白菜从容器里喝水时，“吸血鬼”身上颜色的变化。

实验步骤

第1步： 在2个容器或瓶子里装上约三分之二的温水（水不是很热）。在一个容器里滴2滴以上的蓝色食用色素，在另一个容器里滴10滴以上的红色食用色素。（图1）

第2步： 用一把锋利的刀，将一颗大白菜从下到上垂直切开，但保留最后10厘米，使两半大白菜在顶部仍然连在一起。尽可能切开中间的菜茎，以确保在实验时两种颜色相互独立。

第3步： 把橡皮筋扎在半颗大白菜的底部，固定住叶子，然后在离底部几厘米的地方，再切一刀。（图2）

图1：在不同容器的水里加上不同颜色的食用色素。

图2：用橡皮筋分别固定半颗大白菜的叶子。

图3：将大白菜的底部分别浸入不同颜色的两个容器里。

图4：给大白菜装上眼睛。

第 4 步：将 2 个容器并排放置，将一半大白菜的下半部分浸入红色液体里，将另一半大白菜的下半部分浸入蓝色液体里。（图 3）

第 5 步：用洋葱、辣椒（或冰箱里的任何东西）给这两半大白菜装饰上眼睛和幽灵般的眉毛，用牙签固定住这些装饰。（图 4）

第 6 步：每隔一个小时左右检查一下大白菜，看看它喝掉了多少浸泡的水。（图 5）

科学揭秘

就像吸血鬼一样，植物也更喜欢吸食液体。它们通过将溶解在水中的营养吸食到根、茎、叶而得以生存。

毛细现象是水分供应于植物的主要方式。在植物茎内存在大量的纤维导管，管壁和水之间的吸引力以及水分子之间的相互吸引力将土壤里的水分吸进植物体内。

在这个实验中，你能观察到染上颜色的水通过毛细现象传送到大白菜身上的过程。

想象一下，一棵巨大的红木树是如何把水运送到顶部的叶子上去的。对于一些非常高大的树，一种被称为“蒸腾作用”的过程能够帮助水分克服重力向上传输。

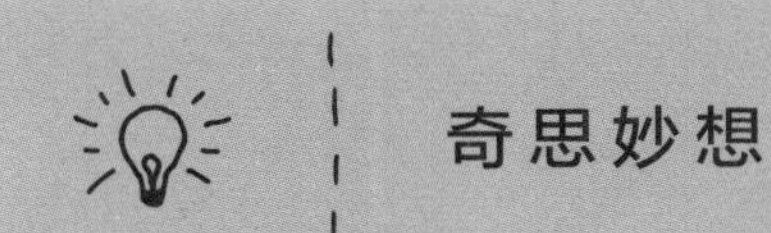

奇思妙想

如果在这实验中使用冰水，会出现什么情况？

在水里加盐或糖会影响实验结果吗？

如果将不同的颜色混合在一起，大白菜吸水的速度会与本实验的结果一样吗？

试着做实验 39，了解更多关于植物蒸发的知识。

单元 11

把阳光利用起来

——太阳能科学

在著名的科学家伽利略·伽利莱（Galileo Galilei）把望远镜对准太阳、发现太阳黑子之前，人类把太阳看作终极完美的象征，是天堂里一个完美的金色圆盘。伽利略持续记录着这些亮点是如何改变和移动的，并用他的数据来描述巨大恒星的旋转情况。

太阳黑子是太阳上可见的暗区域，以暗点形式出现在太阳表面。它们是由磁活动引起的，并且与其他太阳的现象有关，例如耀斑和日冕物质抛射。你也许能通过太阳观测仪看见太阳黑子，太阳观测仪可以通过进行实验48制作双筒望远镜获得。

太阳以阳光照射的形式产生出巨大的能量，它温暖了地球。没有太阳的能量和可以吸收能量并覆盖在地球表面的大气层，地球上将没有生命，这是能量吸收和能量发射间的微妙平衡。然而，自工业革命以来，地球已经变得越来越难以让自己冷却下来。

在这个单元里，你将探究用太阳和太阳能为物体加热的方法，加热的对象从水到棉花糖，不一而足。

实验 43 落日余晖

实验材料

→ 透明的、类似鱼缸的长方形容器，至少24厘米长
→ 水
→ 带有聚焦光束的小手电筒
→ 白纸
→ 牛奶

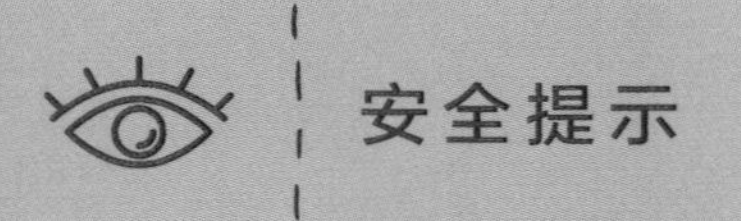

安全提示

— 当孩子在水容器旁逗留时，必须始终有成年人在一旁照看。

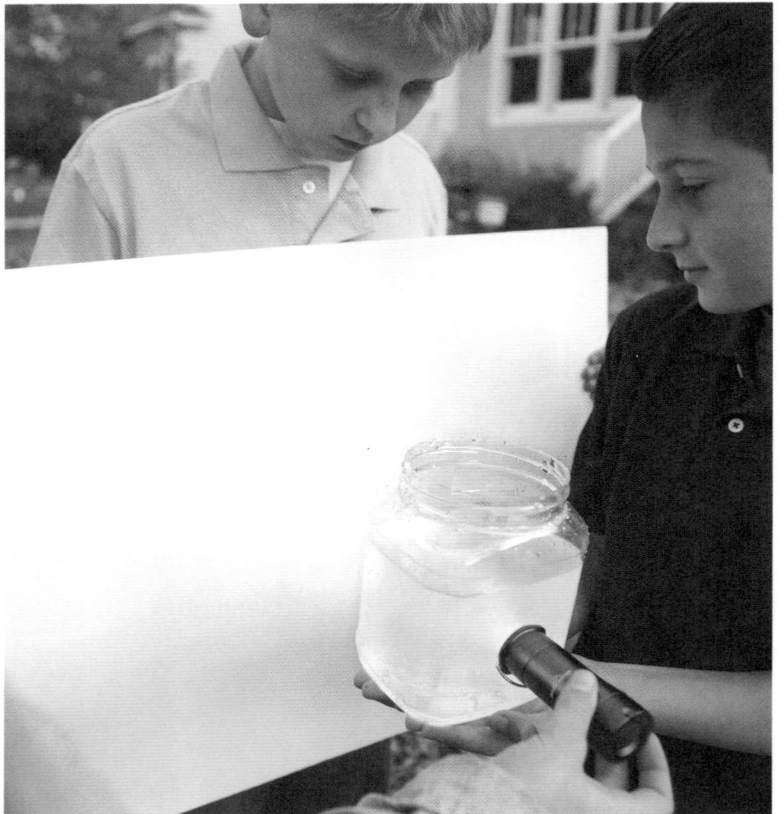

用水、牛奶以及手电筒来再现红色日落的美景吧！

图4：穿过乳白色的水后，光束会显出更多的黄色和橙色。

实验步骤

第1步： 为了观察微粒是如何分散光的，先把水倒入塑料容器里。

第2步： 使手电筒的光束水平地穿透容器最宽的部分，照射到容器后方几厘米远的白纸上。纸上的光点看起来应该是白色的。（图1）

第3步： 往水里加几滴牛奶，再用手电筒的光照射容器里的水。在容器后方的白色纸上，光点的颜色是否发生了变化？（图2、3、4）

图1：用手电筒照射透明容器中的水。

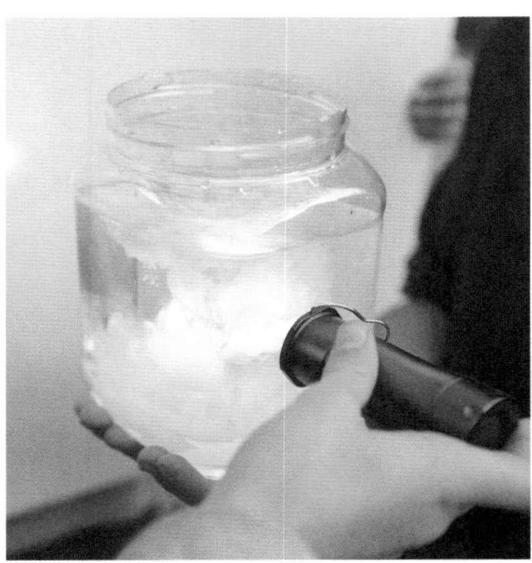
图2：加少许牛奶到容器里。

图3：再用手电筒照射容器中乳白色的水。

科学揭秘

我们所看到的颜色取决于周围物品反射和吸收的光线。来自太阳的光包含了彩虹的所有颜色。草看起来是绿色的，因为它吸收了除绿色以外的大部分可见光波，再把绿色反射到我们的眼睛里。看起来是黑色的东西能吸收掉所有的彩色光波。蓝色光的波长很短，容易被周围的微粒反射，这一现象称为散射。

天空看起来是蓝色的，是因为大气中的空气分子会散射光波，只有扫过我们头顶的阳光中的蓝色部分被充分散射后进入我们的眼睛。如果不是因为这种散射，天空就会像在太空中那样，看起来是黑色的。红色光的波长较长，较难被散射。

低层大气中含有更多的大颗粒，如灰尘和花粉，科学家称之为气溶胶。当太阳落下时，它的光必须穿过大气层的一段较长的距离，在我们看到它的时候，大气中的尘埃已经散射掉了大部分的蓝光，才让我们看到了由红色、黄色和橙色的光波所创造出的美丽的日落余晖。

想象一下，你的手电筒是太阳，容器中乳白色的水是低层大气。牛奶中的分子过滤掉手电筒光束中蓝色的光，这才制造出红色的“日落”景色。

如果在容器里加入更多的水，会发生什么？

如果使用一个更长的容器，手电筒光束必须穿越更远距离才能抵达后方的白纸，这时实验结果会有不同吗？

实验 44 阳光净水器

实验材料

→ 大碗
→ 小碗（边缘低于大碗的边缘）
→ 1杯（235毫升）自来水
→ 数勺（40克）盐
→ 食用色素
→ 保鲜膜
→ 小石子

利用太阳的能量来净化水吧！

图3：把你的阳光净水器放在太阳下，等待净化后的水滴入小碗。

安全提示

— 在一个炎热而晴朗的日子里进行实验，效果最佳，因为能充分利用太阳的能量来净化水。

实验步骤

第 1 步： 把小碗放在大碗里。

第 2 步： 在一个单独的容器里，将自来水、盐和一两滴食用色素混合在一起，制造出“受污染的”水。（图 1）

第 3 步： 将盐水倒入大碗里，确保不要倒到小碗里，小碗是用来收集干净的水的。

第 4 步： 用保鲜膜覆盖大碗的顶部。把一块小石子放在保鲜膜的中间，调整保鲜膜，使保鲜膜的中心正好处于小碗的正上方。尽可能地用保鲜膜把大碗密封住。（图 2）

第 5 步： 把大碗放在阳光下，每隔几个小时观察一下。根据需要调整保鲜膜，使保鲜膜上的水滴可以滴入保鲜膜下方的小碗中。（图 3）

图1：把盐和食用色素加到水里来“污染”水。

图2：用保鲜膜密封大碗。

第 6 步： 要收集到足够的净化水需要一到两天的时间，你可以品尝一下净化后的水，来检验净水器的效果。

在倒出净化水之前，一定要擦干净小碗的底部，这样就不会弄脏碗内的干净水了！

科学揭秘

太阳的紫外线会穿过保鲜膜，进到碗里的水中，紫外线被水吸收并以热能的形式被释放出来。因为热量无法穿透保鲜膜，因此碗里的空气和水就变热了。

较高的温度使得表面上的水分子蒸发到空气中，在大碗中留下盐和食用色素。当蒸发的水分子与保鲜膜碰撞时，遇到了一个较冷的表面，因为碗外的空气不如碗内温暖，于是，干净的水分子在凹处凝结，在保鲜膜上形成水滴。当水滴变得足够大时，重力会让它们移动到保鲜膜的最低处，最终滴落入小碗里，这就是我们得到的经过净化的水。

奇思妙想

往水里加醋，再用阳光净水器净化它。最后用实验 29 中的酸碱试纸来检查“污”水和净化水的 pH 值。

实验 45 比萨盒太阳能烤箱

实验材料

- 比萨盒
- 彩笔
- 尺
- 剪刀
- 锡箔纸
- 胶带
- 黑色卡纸
- 报纸
- 透明塑料薄膜
- 用来支撑盒盖的木钉（或棒子）
- 放在烤箱里加热的零食（如巧克力、棉花糖、饼干）

安全提示

- 这个自制烤箱只能用来加热零食，如巧克力、棉花糖、饼干等，不能用来烤制生肉或任何加温后会腐坏的食物。
- 在阳光明媚的日子里做这个实验。
- 孩子在切割盒子时可能需要成年人的帮助。

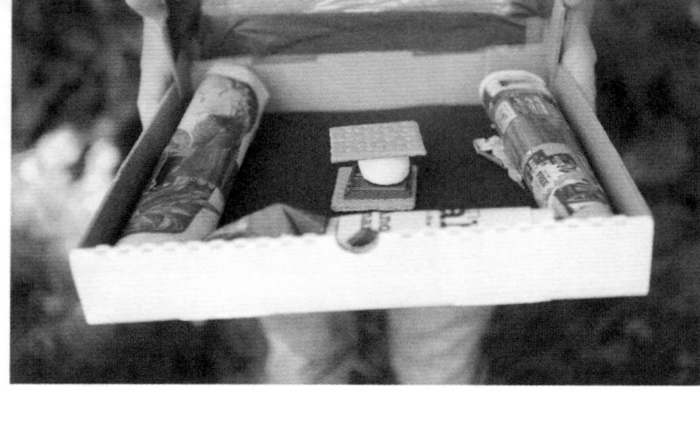

用比萨盒自制一个零食烤箱吧！

图3：烤箱已经准备就绪，装有热绝缘层、窗户和反射镜。图中的盒子里还缺一卷报纸填充。

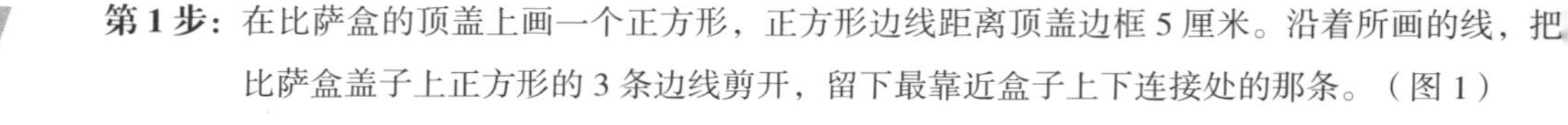

实验步骤

第 1 步： 在比萨盒的顶盖上画一个正方形，正方形边线距离顶盖边框 5 厘米。沿着所画的线，把比萨盒盖子上正方形的 3 条边线剪开，留下最靠近盒子上下连接处的那条。（图 1）

第 2 步： 轻轻地沿着正方形未切割的那条边把剪好的正方形（小翻盖）向后折叠形成折痕。小翻盖应该朝着比萨盒的上下连接处折叠。把小翻盖的内侧用锡箔纸包起来，用胶带加以固定，这是反射镜。

第 3 步： 打开比萨盒，用黑色卡纸覆盖盒底。

第 4 步： 紧实地卷好几张报纸，卷成大约 5 厘米粗，长度要匹配比萨盒的内周长，用胶带把报纸卷固定在盒底，作为热绝缘体。确保完成后还可以将比萨盒闭合。

第 5 步： 剪两块和比萨盒盖一样大的塑料薄膜。打开比萨盒的盖子，把一块塑料薄膜粘在比萨盒盖的内侧。（图 2）

第 6 步： 翻起作为反射镜的小翻盖，把另一块塑料薄膜粘在比萨盒盖的外侧。内外两层塑料薄膜就像双层玻璃，隔绝出一层空气作为热绝缘层，保留住盒子里的热量。它也是一个窗户，可以通过它观察正在“烹饪”的 食物。制作时确保塑料薄膜把盒盖上的洞密封了起来。（图 3）

第 7 步： 把烤箱拿到户外，放在一个面向太阳的平面上，然后把食物放在盒内的黑纸上。紧紧地盖上比萨盒盖，以便打开锡箔纸反射镜时，阳光能照射在黑纸和烤箱内的食物上。（图 4）

第 8 步： 用木钉、棒或尺，撑着反射镜。通过这个反射镜，你能改变照射到烤箱上的阳光的热量。调整反射镜的角度，看看可以反射多少阳光到烤箱内的食物上。

第 9 步： 等待烤箱热起来。每 5 分钟检查一下，观察食物被太阳热能加热得如何了。觉得差不多时，拿出来享用你的点心吧！（图 5）

图1：把画在盒盖上的正方形的三边剪开，做出一个小翻盖。

图2：在比萨盒盖上的正方形洞的内外两面都贴上塑料薄膜。

图4：把烤箱放在阳光下，锡箔纸会把阳光反射进盒子里。

图5：享受你的点心吧！

科学揭秘

阳光穿过双层塑料薄膜，被烤箱底部的黑色卡纸吸收，在那里它们被转化为热能。这种新形式的能量无法逸出塑料薄膜，盒内四周的报纸作为热绝缘体又能把热能保留在烤箱里。

可以用锡箔纸制成的反射镜把额外的紫外线折射进烤箱，带来更多能量。当你把太阳能烤箱放在太阳下时，越来越多的能量进入比萨盒，但绝大部分的能量却无法逸出。这些热能使烤箱内的温度上升，烤箱内部便热到足以加热食物。

奇思妙想

用一个温度计测量一下烤箱内的温度。相比在阴天里，晴天条件下的烤箱会有多热?

烤箱外空气的温度是否会对烤箱内的温度造成影响?

实验 46

温室效应

实验材料

- → 4个没有盖子的同类型广口瓶
- → 水
- → 冰块
- → 报纸（黑白色）
- → 白纸
- → 黑纸
- → 3个可封口的大塑料袋
- → 温度计

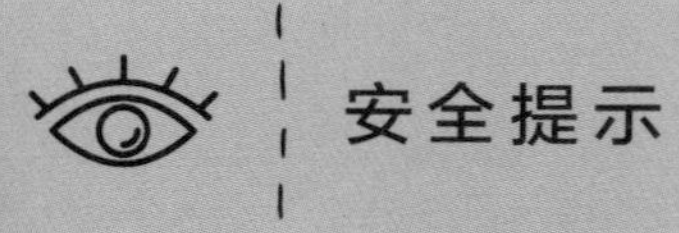

安全提示

— 在一个晴朗的日子里进行实验，效果最好。

把太阳的能量装进塑料袋里吧！

图3：把瓶子装入塑料袋里密封。

实验步骤

第 1 步： 给每个瓶子装上半瓶水。每个瓶子里的水量相同。（图 1）

第 2 步： 在户外找一处阳光灿烂的地方，把 2 个瓶子放在一张报纸上，一个瓶子下垫着黑纸，一个瓶子下垫着白纸。

第 3 步： 在每个瓶子里加入 5 块冰块。（图 2）

第 4 步： 除了报纸上那 2 个瓶子，把其他 2 个瓶子分别放入一个可封口的塑料袋里密封起来。（图 3）

第 5 步： 1 小时后，分别测量 4 个瓶子里水的温度。把取自塑料袋的瓶子再次密封在袋子里。再次等待 1 小时，然后再测量一次温度。（图 4）

科学揭秘

这个实验中的透明塑料袋对太阳能来说就是一次单程旅行。阳光可以射入，加热袋里的空气和水，但同时转变成了不能散出的热能，因此袋子里的空气和水就变热了。

地球大气中的某些气体，如二氧化碳和甲烷，被称为温室气体，会以和实验中的塑料袋同样的方式留住热量。来自太阳的射线可以很容易地穿过大气层，但被地球的黑色表层所吸收，转变成热能后难以再次穿过气体逸出。

可以想象一下，温室气体就像一块覆盖地球的毯子，当地球在夜间变冷时，能给它保温。不幸的是，如果毯子变得太厚，我们的星球就可能变得太温暖。温室气体的重要作用是保持我们星球温度的稳定，然而关注温室气体的水平，以及努力减少已然过多的温室气体也是必要的。

不同于地球的黑色表层，雪和冰会反射阳光，可以影响以热量形式被保留在大气中的太阳能的量，以及太阳能被反射回太空的量。这是科学家们对极地冰冠研究感兴趣的原因之一。你有没有发现，白纸上瓶子里的温度与黑纸上瓶子里的温度是不同的呢？

图1：在4个瓶子里倒入半满的水。

图2：在每个瓶子里加入5块冰块。

图4：1小时后，测量每个瓶子里水的温度。

奇思妙想

如果你用锡箔纸盖住其中一个瓶子，会发生什么？
还有什么其他的变量可以引入这个实验中？

实验 47 晨露的秘密

实验材料

→ 空的铝罐
→ 开罐器
→ 温水
→ 温度计
→ 冰块
→ 勺子

用铝罐和温度计建造你自己的气象站吧！

图3：等待罐壁上出现水滴凝结。

安全提示

— 铝罐的边缘很锋利，孩子应该在成年人的指导下进行此实验。
— 在观察到铝罐出现水滴凝结前，可能需要添加许多冰块，这取决于当日的天气情况，所以需要有点耐心。

实验步骤

第 1 步： 用开罐器切割掉铝罐的顶部。

第 2 步： 往铝罐里倒入半罐温水。（图 1）

第 3 步： 把温度计放进水里，测量温度。

第 4 步： 往水里加一块冰块，搅拌至融化。搅拌的时候，观察铝罐的外部是否有水滴凝结的迹象。如果看到凝结开始形成，立刻测量并记录下当时铝罐中水的温度，这就是露点温度。（图 2）凝结是指气体遇冷变成微小的水滴，它会使铝罐的光泽表面出现模糊的外观。你会首先在水位线以下部位注意到它。一旦开始凝结，可以用手指在凝结区域作标记。（图 3）

第 5 步： 如果没有出现凝结，再往铝罐里加入一块冰块，搅拌至融化。再继续观察铝罐表面。

图1：往铝罐倒入半满的水。

图2：往铝罐里加冰块，每次加一块，搅拌至融化。

图4：一旦看到凝结，记录下当时的露点温度。

第 6 步：继续往铝罐里添加冰块，每次一块，搅拌至融化，直至看到凝结出现。记录下此时的露点温度。（图 4）

第 7 步：测量室外空气的温度，与露点温度进行比较。这时，你有感到潮湿吗？

科学揭秘

露点是空气中的水蒸气刚好凝结成液态水的温度，可以用来推测空气中的湿度是多少。

当铝罐里的水温下降到空气的露点温度，空气中的水蒸气凝结于金属表面形成凝结，此时达到平衡。

清晨，当空气温度和露点温度相同时，空气中的水蒸气凝结在固体（如草）的表面形成露水。

奇思妙想

如果在几天内重复这个实验，会发生什么现象？露点会保持不变吗？

露点和室外温度间的关系是如何影响你的潮湿感的？

实验 48 鞋盒太阳观测仪

实验材料

→ 去盖的鞋盒
→ 白纸
→ 胶带
→ 剪刀
→ 锡箔纸
→ 缝衣针

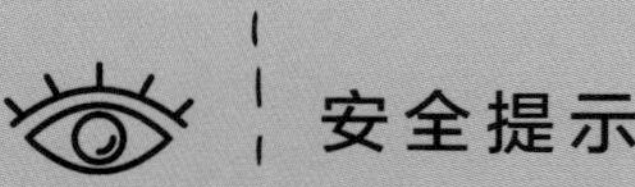

安全提示

— 永远不要用裸眼或通过盒子上的针孔直接看太阳。这可能会永久性地损害你的视力。

— 孩子必须在成年人的指导下使用缝衣针。

图4：手拿盒子，盒底向外。针孔对着身后的太阳，以此观测太阳。

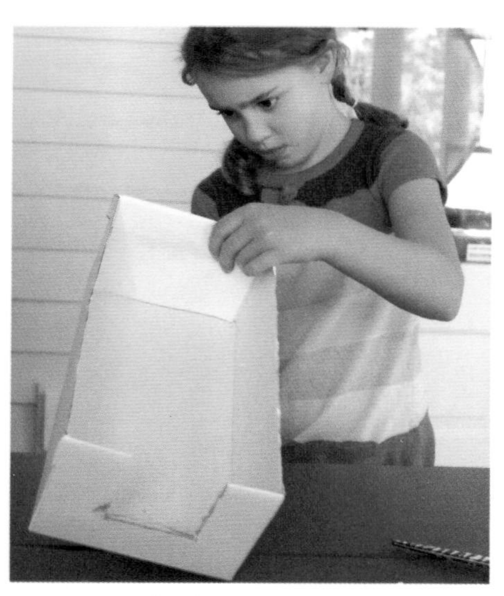

图1：用白纸覆盖鞋盒内的一侧。

用鞋盒和一些纸来安全地观察太阳吧！

实验步骤

第 1 步： 取鞋盒内相距较远的两个侧面，用白纸覆盖其中一个侧面，将其作为观测屏。（图 1）

第 2 步： 在鞋盒内的另一个侧面上，切出一个大的方形缺口，在缺口上用胶带蒙上锡箔纸。（图 2）

第 3 步： 在锡箔纸的中央，用针戳出一个比针头略大的孔。如果戳坏了，换张锡箔纸，再试一次。锡箔纸上的孔越小焦点越清晰。（图 3）

第 4 步： 走到户外，背对太阳。（图 4）

第 5 步： 手拿盒子，盒底向外。针孔朝上对着身后的太阳。锡箔纸应处于你的视线上方，这样它不会把太阳反射进你的眼睛里。调整盒子的角度，使太阳光穿过小孔，将太阳的影像投影在白纸上，呈现为一个小圆点。（图 5）

图2：在白纸对面的另一侧剪出一个大缺口。

图3：在覆盖缺口的锡箔纸上扎出一个小洞。

图5：太阳的影像被投射在白纸上，呈现为一个小圆点。

科学揭秘

当来自太阳的光线穿过微小针孔时，它们在锡箔纸背后的白纸上形成了一个太阳影像。由于光线进入针孔以及照射在纸上的角度的影响，这个影像是倒置的。这可以让你不用裸眼就能直接观察太阳。

奇思妙想

用一副双筒望远镜和相机脚架，可以制作出太阳观测仪，这个观测仪可以将太阳的影像投射在一张白纸上，在上面甚至还可以看到一些太阳黑子。

切记不要通过望远镜直接看太阳！

使用胶带或夹钳，把双筒望远镜架在三脚架上，目镜一端背对太阳，大的一端朝向太阳。挂起一张纸，调整三脚架上望远镜的角度，直至看到两个太阳出现在纸上（因为有两个镜头）。进一步调整角度，这样就会只有一个成像出现在望远镜的阴影上，这将使成像更容易被看到。纸离望远镜越远，出现的成像就越大。

会看到太阳以2个圆的成像出现。

在三脚架上安装望远镜。

单元 12

在家造火箭

——火箭科学

当人们讨论火箭科学的时候，他们通常指的是航空航天工程。我们依靠火箭把一些物品运送到太空，从人造卫星到望远镜和宇航员。虽然火箭只是运输工具，但却远比陆地上的车辆更令人激动和着迷。

1969年，火箭把人类带到月球上，改变了我们对于未来可能性的看法。从1981年到2011年，美国宇航局的航天飞机计划促成了国际空间站的建造和维护，宇航员直到现在都在使用这一空间站来研究宇宙和我们所在的这颗星球。1977年，一枚火箭携带着美国宇航局的“旅行者1号”卫星探测器升空，它带着前所未有的使命——把卫星探测器带到我们的太阳系之外。只有时间能告诉我们太空探索的未来会有怎样惊奇的发现。

设计一枚火箭时，航空航天工程师必须考虑周详，从建构材料、火箭的形状到燃料成分等。让航天器进入轨道是一项复杂的工程，但最终可以归结到最基本的物理定律。

有三个重要的物理力量作用于所有的火箭：推力是火箭的升力；阻力是阻碍火箭的力量，它是由地球大气中的空气阻力引起的；重量是第三个重要的力量，是由重力拖曳火箭的质量产生的。在良好的数学和科学基础上，工程师可以计算出如何最大限度地提高火箭的动力，同时减少阻力和重量。

在这个单元里，你会制作属于自己的、简单的火箭和包含着空气动力学知识的气动推进器来了解上面提到的概念。最后，还介绍了一个关于电磁辐射的实验，许多参与宇宙研究的科学家都发现它很有趣，这个实验涉及微波，微波的传播速度与光速相同。

实验 49

胶卷筒火箭

实验材料

- → 有盖的胶卷筒
- → 剪刀
- → 尺
- → 纸
- → 胶带
- → 玻璃杯
- → 铅笔
- → 装饰用的彩笔和贴纸
- → 口香糖
- → 泡腾片
- → 水

安全提示

- — 指导孩子如何使用泡腾片，因为它们是药。
- — 有些孩子在把盖子盖到胶卷筒上时可能需要成年人的帮助，因为这个操作有些难。在开始实验前，可以让他们多练习几次。
- — 发射火箭时，带上护目镜，如安全眼镜或太阳镜。

利用一个简单的化学反应，发射一枚自制的火箭吧！

图6：把火箭翻转过来，放在一个平面上，发射火箭。

实验步骤

第 1 步： 把纸剪成 15 厘米 ×10 厘米的长方形，用胶带粘在胶卷筒上，纸张的边缘刚好超出胶卷筒开口的一端，把纸卷起来做成一个长筒，用胶带粘牢。（图 1）

第 2 步： 在纸上沿玻璃杯画一个圆，把圆形剪下。把圆形的四分之一剪下来，剩下的部分围成圆锥体安装在火箭顶端，即纸筒包裹着的胶卷筒的底部，作为火箭头。（图 2、3）

第 3 步： 从纸上剪下 3 个小三角形，用胶带把它们竖着均匀地粘到火箭末端，作为尾翼。用彩笔和贴纸装饰火箭箭身。（图 4）

第 4 步： 戴上护目镜，嚼一块口香糖。咀嚼时，可以练习如何迅速地把盖子盖到胶卷筒火箭上。等口香糖软了，把胶卷筒的盖子拿下来，把口香糖粘在盖子里面。掰开一片泡腾片，把半片泡腾片牢牢地粘在盖子内侧的口香糖上，先把盖子放在一边。（图 5）

第 5 步： 往作为箭身的胶卷筒里倒入半筒水。

第 6 步： 找一个不会让火箭翻倒的平面。仔细检查泡腾片是否仍牢牢地粘在口香糖上。

第 7 步： 一手拿火箭，一手拿盖子，把粘有泡腾片的盖子紧紧地盖在胶卷筒上。这时泡腾片不可以接触到胶卷筒内的水。

第 8 步： 把火箭倒过来，快速地放在一个平面上。退后，等待由水和泡腾片产生的化学反应把盖子冲掉，并推动火箭向空中发射。这个过程可能需要 30 秒到 1 分钟，要有一点耐心！

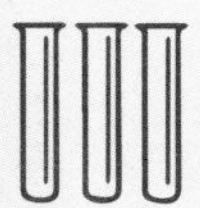

科学揭秘

正如本单元介绍中提到的，有三个重要的力量作用在火箭上：推力（火箭的升力），阻力（由空气造成的阻碍火箭的力量）和重量（由地球引力造成向下拖火箭的力量）。

水和泡腾片发生化学反应，产生二氧化碳气体，使火箭筒内积聚了压力。当盖子被冲掉时，气体迅速排出筒外。这一推力推动火箭向相反方向发射，这展示了牛顿的第三定律：每一个作用力都有一个相等且相反的作用力。但阻力和重量又会迅速地使火箭落回到地面。

真正的火箭有足够的燃料来产生大量的推力，从而让它们冲出地球的大气层。

图1：把纸卷在胶卷筒外。

图2：为火箭剪出一个圆锥形的火箭头。

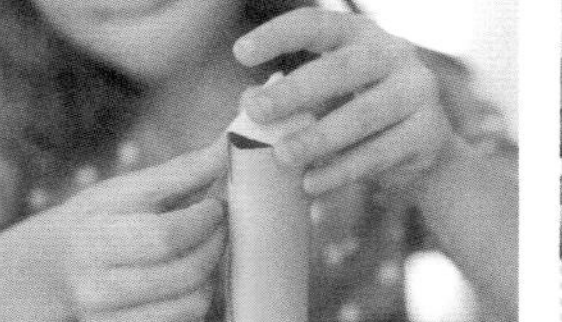

图3：把火箭头粘在火箭顶端。

图4：装饰火箭。

图5：把半片泡腾片粘到胶卷筒盖子内侧的口香糖里。

奇思妙想

如果改变了火箭尾翼的大小或形状，会发生什么？

你能做一个降落伞来减缓火箭的下降吗？

实验50 吸管火箭

实验材料

- 复印纸
- 尺
- 剪刀
- 铅笔
- 塑料吸管
- 胶带

安全提示

— 孩子在用胶带粘火箭时可能需要成年人的帮助。

用呼吸发射火箭吧！

图3：大口吹气把火箭推向空中。

实验步骤

第 1 步： 剪一个 5 厘米宽、21.5 厘米长的长方形纸条作为火箭主体。

第 2 步： 把长方形纸条卷在吸管外，用胶带粘好，固定形状。（图 1）

第 3 步： 把纸火箭从吸管上取下来，将一头折叠后粘住作为火箭头。

第 4 步： 从纸上剪几个三角形做尾翼，把它们粘在火箭的末端。尾翼粘成直角或近似直角时效果最好。（图 2）

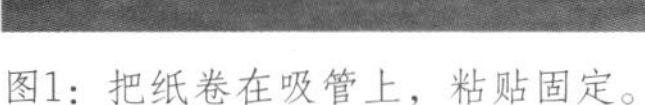

图1：把纸卷在吸管上，粘贴固定。

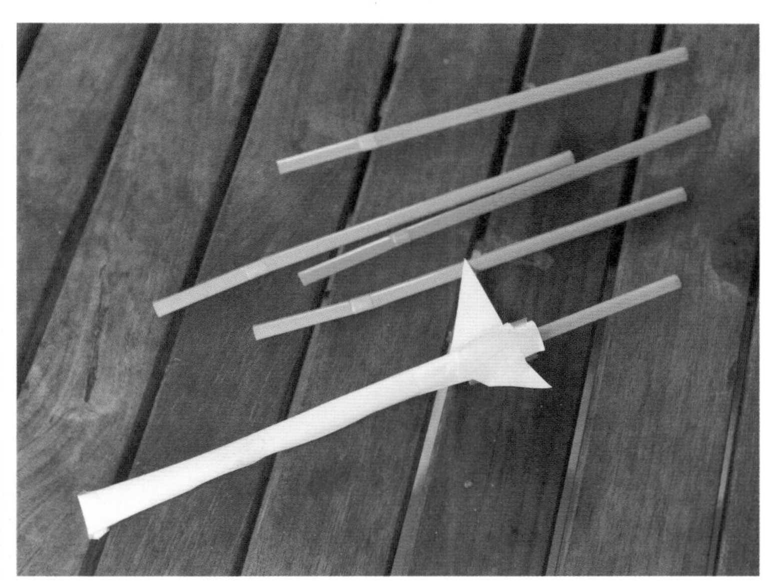

图2：为火箭做尾翼。

第 5 步：用笔在火箭箭身上画画作为装饰。

第 6 步：把火箭套在吸管上，大力吹一口气，用呼吸的力量发射火箭。

科学揭秘

纸火箭演示了真正的火箭是如何在大气中飞行的。

空气是阻碍火箭飞行的阻力。由于地球引力的存在，火箭自身的重量也会阻碍它飞行。你做的火箭越轻（用较少的纸和胶带），受到的阻力就越小，它就飞得越远！

尾翼用于保持火箭平稳飞行，尾翼的尺寸和设计会影响你对火箭的控制。

奇思妙想

记录下纸火箭的飞行距离，最多可以飞到多远？

尝试做一个较长的或较短的纸火箭，观察火箭长度会如何影响飞行距离。

如果改变尾翼的形状或数量，会发生什么？

发射的角度对纸火箭的飞行轨迹有影响吗？

实验 51 瓶子火箭

实验材料

- → 硬纸板盒（如鞋盒）
- → 剪刀
- → 1升(或2升)透明塑料瓶
- → 适合塑料瓶瓶口大小的软木塞
- → 锯齿刀
- → 水
- → 充气针
- → 自行车打气筒

安全提示

— 实验中的火箭会飞得又快又远，所以孩子要在成年人的指导下以及在开阔的区域发射火箭。

— 把火箭放在发射台上时，瓶口向下，瓶底向上。戴好护目镜，确保每个人都站在火箭后方，再把空气泵进瓶子里。

用水和打气筒来发射瓶子火箭吧！

图5：当瓶内的气压把软木塞和水从瓶子里推出来的时候，火箭就朝着相反方向起飞了。

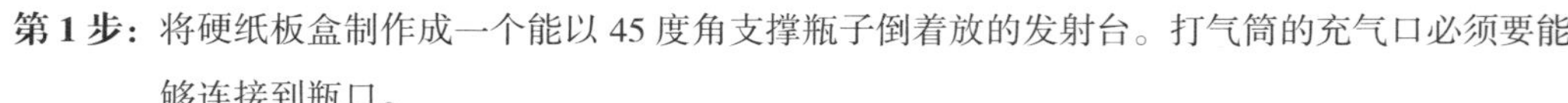

实验步骤

第 1 步： 将硬纸板盒制作成一个能以 45 度角支撑瓶子倒着放的发射台。打气筒的充气口必须要能够连接到瓶口。

第 2 步： 找一个适合塑料瓶瓶口的软木塞，让成年人帮忙使用锯齿刀把软木塞对半横切。把充气针穿透半截软木塞，如果事先在软塞上打出螺旋孔，穿透起来会更容易。（图 1）

第 3 步： 往塑料瓶里装入大约三分之二容积的水，把充气针安装在打气筒上。充气针始终插在软木塞里。（图 2）

图1：用充气针穿透半个软木塞。

图2：给瓶子装入三分之二容积的水。

图3：把瓶子放在发射台上，瓶底向上。

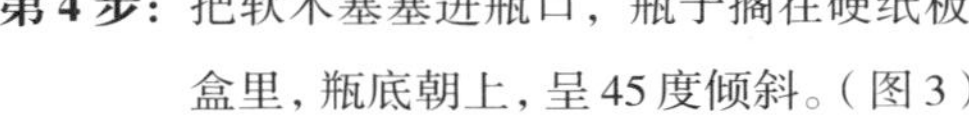

第 4 步： 把软木塞塞进瓶口，瓶子搁在硬纸板盒里，瓶底朝上，呈 45 度倾斜。（图 3）

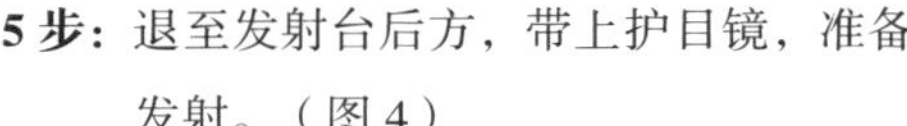

第 5 步： 退至发射台后方，带上护目镜，准备发射。（图 4）

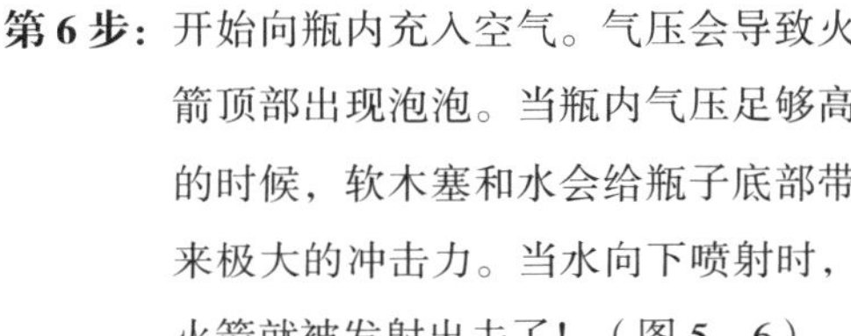

第 6 步： 开始向瓶内充入空气。气压会导致火箭顶部出现泡泡。当瓶内气压足够高的时候，软木塞和水会给瓶子底部带来极大的冲击力。当水向下喷射时，火箭就被发射出去了！（图 5、6）

图4：退至火箭后方，准备好发射。

图6：火箭升空了！

科学揭秘

虽然这些瓶子火箭没有尾翼、携带物和火箭头，但它们确实和真正的火箭很相似。美国宇航局的火箭使用火箭燃料作为动力，你做的火箭使用的动力则来源于水。当你向瓶内的空气施加压力把水排出火箭时，火箭会向相反方向移动，也验证了牛顿第三定律：每一个作用力，都有一个相等且相反的作用力。

奇思妙想

如果在火箭里多加点水，或少加点水，会发生什么？

实验 52

测量微波

一起测量微波辐射的近似波速吧，实验后还可以把实验材料都吃了！

图4：根据测量结果计算微波的速度。

实验材料

- → 微波炉
- → 大块巧克力条（或奶酪片）
- → 适用微波炉的平底盘
- → 尺
- → 计算器

安全提示

- — 孩子必须在成年人的指导使用微波炉。
- — 如果用奶酪做实验，为了得到更好的结果，每片奶酪的厚度都要相同。

图1：去除转盘后，将巧克力条放入微波炉。

实验步骤

第 1 步： 把转盘从微波炉里取出来，因为如果食物移动的话，这个实验将无法进行。

第 2 步： 把一个适用于微波炉的盘子倒扣摆放，拿一些巧克力条或奶酪并排放在盘底上，制作出一个相互连续不间断的食物层。把这些食物看作艺术家的画布，微波将在这块画布上作画。（图 1）

第 3 步： 把盘子放进微波炉，用高温加热巧克力或奶酪 15 秒。（图 2）保持盘子在微波炉中，检查食物层上是否出现熔点。如果没有，再加热 10 秒，然后再检查。当看到食物层上出现小的熔点时，把盘子从微波炉里取出。

第 4 步： 用尺测量熔点间的距离。这些点是由微波不断在同一个地方撞击食物而产生的，代表了部分波形。这个数字应该在 6 厘米左右，但也会因熔化区域的大小和所使用的微波炉的频率（兆赫）不同而有所不同。（图 3）

第 5 步： 把测量到的数据乘以 2，因为微波炉产生的是驻波，驻波的波峰只有实际微波波长的一半。

把小数点向左移动两位，把单位从厘米变为米。

第 6 步： 一旦计算出了波长，就可以算出你所使用的微波炉的大致微波速度。要做到这一点，把波长乘以你的微波炉的微波频率即可。我们知道大多数微波的频率是 2450000000 赫兹（2.45 千兆赫），你可以通过检查微波炉的标签和说明书获得信息。

例如，如果我们反复进行这个实验，测得熔点间的距离通常是 5 到 7 厘米，平均值为 6 厘米也就是 0.06 米。数学公式如下：0.06 米 / 波 ×2×2450000000 波 / 秒 = 294000000 米 / 秒。所以，我们估测这台微波炉微波速度约为 294000000 米 / 秒。

第 7 步： 把实验结果与光速（299792458 米 / 秒）相比。你觉得接近吗？微波和光以相同的速度传播，但测量微波的速度却要容易得多。（图 4）

第 8 步： 最后，把你的实验材料吃了吧！（图 5）

图2：用高温加热巧克力15秒。

图3：用尺测量巧克力上出现的熔点间的距离。

图5：把实验材料吃了吧，祝你胃口好！

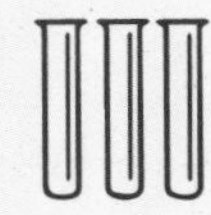

科学揭秘

光和微波都是电磁辐射的一种。其他形式的电磁辐射包括无线电波、紫外线和 X 射线。

你可以借助池塘的波纹来想象辐射移动的方式。电磁辐射以波动形式在空间中移动，每种电磁辐射都有自己的波长。微波的波长比可见光长得多，并且更容易测量。

所有的电磁波以相同的速度传播，因此，微波和光也是以相同的速度在穿梭，当你能计算出微波的速度，正如这个实验所做的，你应该也能得出一个接近光速的答案。

奇思妙想

重复进行几次实验，获取熔点间距离的平均值。

怎么能更精确地测量距离呢？

使用另一种食物或物质进行测量的话，实验效果会更好吗？

Ava Cooper John Cece Georgia Croix Reagan Jace
May Henri Charlie Claire AJ Nicholas Kate Bristow
Scarlett Cela Lila Liz Ava Natalie Miriam Lauren
Sarah Geneva Lily Ella Hailey Enzo Claire Whitney
Nick Elena Nico Lyuda Catherine Stella Mia Alessa
Emmett Nate Theo Will Sienna Corah Ayla Norah
Sarah Mark Charlie Andrew Carissa Kyra Harper Ian

感谢这些孩子为实验所作的贡献！

关于作者

从第一次观察蝴蝶开始，丽兹·李·海拿克(Liz Heinecke)就喜欢上了科学。

在经历十年分子生物学的科研工作并获得硕士学位之后，她离开了实验室，开启了人生的新篇章——成为一位全职妈妈。很快地，她发现她的三个孩子在成长的过程中和她一样非常热爱科学。于是，她开始在她命名为“厨房科学家”的网站上记录他们的科学探险。

她希望能够向别人传递她对科学的热爱，并且很快地，这件事变成了当地美国全国广播公司（NBC电视台）旗下的一个常规电视节目，这也使得她成为了NASA（美国国家航空和宇宙航行局）的地球大使。为了让父母和不同年纪的孩子能够更方便地一起做实验，或者孩子能够独自安全地做实验，她还开发了一款iPhone应用程序。

你可以看到她在明尼苏达州的家里，和孩子们嬉戏、写网页、更新儿童科学的手机应用、教护理专业的学生微生物学、唱歌、弹琴、画画、跑步。总之，做除了家务之外的任何事情。

她毕业于美国的路德学院，在威斯康星大学麦迪逊分校获得了细菌学的硕士学位。

致 谢

如果没有我的家人、朋友、老师和那些榜样，这本书也就无从诞生。非常感谢下面所有的人，按照出现的顺序排列如下：

我的妈妈Jean，她是一位烹饪天才，正是她告诉我不要惧怕厨房，也培养了我在厨房里善用资源和随机创作的能力，她一直支持我在厨房里施展厨艺，虽然我时常会搞得一团糟。

我的爸爸Ron，是一位出色的物理学家，他教会我热爱科学，耐心地帮助我学习代数，不断地鼓励我充满好奇心，直到现在还会回答我关于物理学方面的问题。

我的姐姐Karin，她和我一起无数次地探索后院、海滩和高山，她在非常小的年纪就开始做玉米淀粉的实验。

我的一位好友Sheila，一直在为她的工程师梦想而努力，她还告诉我如何用太阳能烤箱做比萨。

我的丈夫，也是我最好的朋友Ken，给我带来欢乐，正是他努力工作才能让我在家里写作和实验。

Richard Smith和Jon Woods，他们把自己的研究分享给了我，并且鼓励我参加研讨会和会议，重燃了我对科学的热情。

Charlie、May和Sarah，我的孩子们，他们让我能够以孩子的视角重新看待这个世界，每天带给我惊喜。

NASA（美国国家航空和宇宙航行局）的推广项目、科学家们、宇航员们、员工、教育者和网络资源给我提供了很多灵感。

网上的科学在线社区，包括诸如Dr. Greg Gbur这样的科学家们给了我很大帮助。Gbur博士研制出了一个简单的流程同样能够产生有趣的凯伊效应，让我和读者们可以一同分享。

Kim Insley和NBC电视台的网络频道——Kare11，给了我一个在常规节目中展示科学的机会，让科学教育有机会成为他们节目中的组成部分。

我的编辑Jonathan Simcosky、Renae Haines以及Quarry出版公司，用精美的版面设计让我能与更多的读者分享对科学的热爱。

我的摄影师Amer Procaccini，花费了数不清的时间捕捉每个实验留下的精彩瞬间。

住在明尼阿波里斯市的艺术家、设计师Stacey Meyer，整理了这本书中的照片并对它们进行调色。

Zoe、Jennifer、Molly和Rebecca，和我们一起分享了她们的厨房以及后院。

聪颖、可爱和漂亮的孩子们，他们的笑容点亮了整本书的页面，还有他们的父母，感谢他们花费时间带孩子们一起来拍摄照片。

FOR KIDS LAB

给孩子的实验室系列

给孩子的厨房实验室

给孩子的户外实验室

给孩子的动画实验室

给孩子的烘焙实验室

给孩子的数学实验室

给孩子的天文学实验室

给孩子的地质学实验室

给孩子的能量实验室

给孩子的 STEAM 实验室

给孩子的脑科学实验室

扫码关注
获得更多图书资讯